现代航空制导炸弹设计与工程

ZHIDAO ZHADAN JIEGOU ZONGTI FENXI YU SHEJI

制导炸弹结构总体分析与设计

樊富友　刘林海　陈　军
杜　冲　李　斌　陈　卫　编著

西北工業大學出版社

【内容简介】 本书从理论和实践结合的角度出发，结合工程实践对制导炸弹结构总体技术进行分析与设计，其基本原理和分析处理工程技术问题的方法具有普遍意义，对其他武器系统也具有一定的适用性和参考价值。主要内容包括制导炸弹结构总体设计；弹体结构设计；制导炸弹载荷分析与计算；制导炸弹结构强度分析与计算；制导炸弹结构“五性”及“三防”设计、制导炸弹水平测量技术等。

本书可供从事该专业的工程技术人员和管理人员阅读，也可供相关专业科技人员和高等院校师生参考。

图书在版编目（CIP）数据

制导炸弹结构总体分析与设计 / 樊富友等编著. —西安 ：西北工业大学出版社，2016.1
ISBN 978-7-5612-4708-2

Ⅰ. ①制… Ⅱ. ①樊… Ⅲ. ①制导炸弹—结构分析②制导炸弹—结构设计 Ⅳ. ①TJ414

中国版本图书馆 CIP 数据核字(2016)第 015003 号

出版发行：西北工业大学出版社
通信地址：西安市友谊西路 127 号 **邮编**：710072
电 话：(029)88493844 88491757
网 址：http://www.nwpup.com
印 刷 者：陕西向阳印务有限公司
开 本：787 mm×960 mm 1/16
印 张：13
字 数：312 千字
版 次：2016 年 1 月第 1 版 2016 年 1 月第 1 次印刷
定 价：88.00 元

序

制导炸弹的开发发展始于第二次世界大战后期，经过数十年的改进和创新取得了长足发展，具有结构简单、使用方便、射程远、命中精度高、造价低、费效比高等优点，是世界各国机载高精度武器中数量最多的一款空地武器。因此，制导炸弹在武器系统中占有越来越重要的位置。未来信息化战争是敌对双方在陆、海、空战场的对抗，战争的持续性和武器装备的密集使用成为趋势，将使制导炸弹的需求数量显著增加。从近年历次局部战争来看，制导炸弹占弹药投放总数的比例呈直线上升的趋势，海湾战争中只占6.8%，而伊拉克战争中接近70%，使制导炸弹成为战争的“宠儿”。美国、英国、俄罗斯、以色列等军事强国装备了大量的不同类型的制导炸弹，而我国制导炸弹的研制起步较晚，经过30多年的不懈努力，依靠自己的力量，勇于开拓，坚韧不拔，缩小了与发达国家的差距，甚至在某些方面实现了超越。

自主创新是一个时代的主题，也是一个在历史经验的基础上不断自我超越的过程。制导炸弹的自主创新需要全面、系统地将新理论、新技术应用于工程实际，充实和丰富制导炸弹的知识体系，并对制导炸弹研制过程中的数据及工程经验进行不断积累、沉淀。如何将成熟的理论应用于工程实际，并且在应用过程中，发现问题，解决问题，不断革新，才能从根本上推动制导炸弹的发展，使我国制导炸弹水平达到和超过国际先进水平，需要广大从事制导炸弹设计的科技工作者、专家、教授等不断克服困难，勇于攀登，相互协调，密切配合地进行工作，也需要社会各界朋友的热情支持。

自主创新离不开理论的指导，《制导炸弹结构总体分析与设计》是一部较为系统、全面地介绍制导炸弹结构总体分析设计方法的著作。全书以工程应用为主，力求体现工程的系统性、先进性、完整性和实用性，是国营第八六一厂和作者多年心血凝结的结果，同时也借鉴了其他武器系统的先进的设计方法和理念。通过编写《制导炸弹结构总体分析与设计》一书，全面、系统地归纳、总结以往制导炸弹结构总体研制过程中建立和应用的设计理论，总结其工程经验，并结合制导炸弹当前的新技术、新理论，用以指导今后的工程研制，并传授给从事制导炸弹事业的新生力量，使他们能站在更高的起点上开展新一代制导炸弹的研发工作。

本书既是一部介绍制导炸弹结构总体设计的学术专著，又是一部制导炸弹各专业间以及和其他有关人员间进行技术交流的平台。

最后，借此机会对参与编写本书工作的各位专家、学者所付出的辛勤劳动表示衷心的感谢。

2015.10.26

前　言

在制导炸弹设计与研制这一复杂的系统中，结构总体设计不仅保证优秀的总体技术方案，而且先进的结构总体设计对结构设计、结构性能、研制经费和进度往往起到决定性的作用，是制导炸弹总体设计思想的必要阶段和内容，是一项综合性很强的工作。因此，制导炸弹结构总体设计在制导炸弹的设计与研制过程中具有非常重要的地位和作用。由于制导炸弹独特的优点，广泛用于现代局部战争，是一支不可或缺的中坚武器装备，是战斗轰炸机、强击机等空中力量对地(海)面建筑物、桥梁、指挥所、机场跑道、雷达阵地、水面舰艇等多种军用目标实施精确打击的重要手段。随着制导炸弹在现代战争中地位越来越重要，迫切需要对制导炸弹结构总体设计进行全面的总结和介绍。由于国内尚没有专门介绍制导炸弹结构总体设计方面的书籍，本书的出版也许有助于弥补这方面的空缺，同时对其他空地武器的研制也有一定的参考价值。

本书是在总结多年型号研制经验及工程实践经验的基础上完成编写的，理论联系实际，结构紧凑，内容安排遵循工程型号研制流程，力突工程研制这一主线，利于制导炸弹结构总体设计人员入手。

本书共分 7 章，第 1 章介绍制导炸弹的定义与分类、研制程序和内容，制导炸弹结构总体设计特点及发展趋势；第 2 章介绍制导炸弹结构总体布局、结构总体方案、总体协调等内容；第 3 章介绍制导炸弹常见弹体结构、弹上机构等内容；第 4 章与第 5 章介绍制导炸弹载荷、强度与受力传力分析等内容；第 6 章介绍制导炸弹结构“五性”及“三防”设计内容；第 7 章介绍制导炸弹水平测量技术等内容。

本书第 1,7 章由樊富友编著，第 2 章由陈军、樊富友编著，第 3 章由湖南人文科技学院陈卫编著，第 4 章由杜冲编著，第 5 章由李斌编著，第 6 章由刘林海编著。全书由樊富友统稿和定稿。

编写本书曾参阅了相关文献资料。在此，对其作者表示衷心的感谢。

由于水平有限，书中难免有错误和不当之处，敬请读者和专家批评指正。

编著者

2015 年 10 月

目 录

第1章 概 述

制导炸弹的开发发展始于第二次世界大战后期，德国在二战后期率先发明并使用了制导炸弹。经过数十年的改进和创新，制导炸弹在种类和质量等方面均取得了长足的进步。美国、英国、俄罗斯、以色列等军事强国已经装备了数十种类型的制导炸弹，而一些军事实力相对较弱的国家也在积极研发并装备制导炸弹。制导炸弹作为介于普通炸弹和导弹之间的弹种，与导弹相比，主要区别在于制导炸弹自身无动力系统，需借助飞机或其他平台投掷，通过制导控制系统飞向目标，而导弹则是依靠自身的动力系统，通过制导、控制系统飞向目标的。与普通炸弹相比，它可以更精确地命中目标要害部位，可用于对人口稠密区内的军事目标实施精确打击，既可避免毁伤其他民用设施，又可控制战争规模。与导弹、普通炸弹相比具有以下优点：①与导弹相比，结构简单、成本低廉，适于大量装备、使用；战斗部比例大，有效载荷可达总质量的80%，明显高于导弹，具有更大的毁伤威力；②与普通炸弹相比，命中率高，精度可达米级。

由于制导炸弹独特的优点，其广泛应用于现代战争，是一支不可或缺的中坚武器装备，是战斗轰炸机、强击机等空中力量对地(海)面建筑物、桥梁、指挥所、机场跑道、雷达阵地、水面舰艇等多种军用目标实施精确打击的重要手段，成为世界上装备规模最大、使用数量最多的精确制导武器。在近年历次局部战争中，制导炸弹占弹药投放总数的比例呈直线上升的趋势：海湾战争中只占6.8%，科索沃战争中占35%，阿富汗战争中占60.4%，而伊拉克战争中接近70%，使制导炸弹成为战争的“宠儿”。

制导炸弹具有下述特点。

1.精度高

制导炸弹的精度比普通炸弹高得多，如美军“宝石路Ⅰ”型制导炸弹的圆概率误差为3.5 m左右；“宝石路Ⅱ”型制导炸弹的圆概率误差为1～2 m，“宝石路Ⅲ”型制导炸弹的圆概率误差更精确到1 m左右。

2.效费比高

制导炸弹与普通炸弹相比，虽然成本有所增加，但比导弹的价格要低得多(美军一枚“战斧巡航导弹”的价格是75万美元，而一枚JDAM制导炸弹的价格只有1.8万美元)。

在作战效果基本相同的条件下，使用机载制导炸弹更经济。据统计，完成同一作战任务，使用制导炸弹的效费比为普通炸弹的30倍左右。

3. 可实现防区外发射

普通炸弹的命中精度主要受载机飞行高度与速度、飞行姿态、战场气象条件等的影响。为了达到预期的命中精度，要求载机低空近距离投掷，载机安全受到严重威胁。制导炸弹可利用弹上探测系统提供的目标信息，控制或修正弹道误差，命中目标，对于增程型制导炸弹而言，射程更远，可在敌方防御火力圈之外实现远距离攻击目标，更利于保护载机安全。

4. 使用范围广

制导炸弹能使用多种战斗部，以满足打击不同性质目标的需要，既可摧毁硬目标，又可实现软杀伤。

目前，我国制导炸弹整体发展水平较低，常规炸弹品种少、系列不全，特种弹药发展滞后，打击大目标和地下深层目标的能力不足；精确制导炸弹刚起步，体系不完善。制导炸弹发展状况难以满足在未来作战中对地精确打击武器的迫切需求。随着我国从"陆地强国"向"海洋强国"的战略目标转变，制导炸弹适用于空海一体化作战，是将来发展的一大趋势，拓宽了制导炸弹的使用范围。但我国制导炸弹整体发展水平与国外主要军事强国，特别是与美国相比还有一定的差距。美国制导炸弹领域的前沿技术研究始终处于全球领先地位，并不断有新的概念提出，如网络协同作战、仿生技术、新型含能材料，引领弹药研究革命性发展，值得我们深入研究、分析和借鉴。

制导炸弹的小型化、系列化、模块化以及批量装备部队后互换性、可靠性、维修性、环境适应性等一系列问题，使结构总体设计技术在制导炸弹中占据越来越重要的地位。随着制导炸弹技术的发展，制导炸弹总体设计的内容也随之改变。创新是一个时代的主体，制导炸弹设计的革新关键在于创新思想的应用。如何将成熟的理论应用于工程实际，并且在应用过程中，发现问题，解决问题，不断革新，才能从根本上推动制导炸弹的发展，为使我国制导炸弹水平达到和超越国际先进水平，做出应有的贡献。

1.1 制导炸弹的定义及分类

1.1.1 制导炸弹的定义

制导炸弹定义为带制导控制系统的炸弹，在飞行中利用控制执行机构产生气动控制力改变炸弹的速度方向和大小，使其按预定的弹道或导引规律命中目标。

从国外制导炸弹的发展历程来看，一部分是利用普通炸弹战斗部和相对成熟、价格低廉的制导控制技术，改制成制导炸弹；另一部分是通过新研，根据需要研制高性能、低成本、抗干扰的制导炸弹。制导炸弹一般由弹头或导引头、弹身或战斗部、制导控制尾舱及弹翼组件（增程制导炸弹一般采用弹翼组件）等组成。

1.1.2 制导炸弹的分类

目前，制导炸弹已发展成一个大家族。根据不同的分类原则，制导炸弹可以有多种分类方法，不同制导原理之间，差异相当大。按其毁伤特性分为常规制导炸弹和非常规制导炸弹；按制导方式分为自寻的制导炸弹、自主制导炸弹、复合制导炸弹等，如图1-1所示。

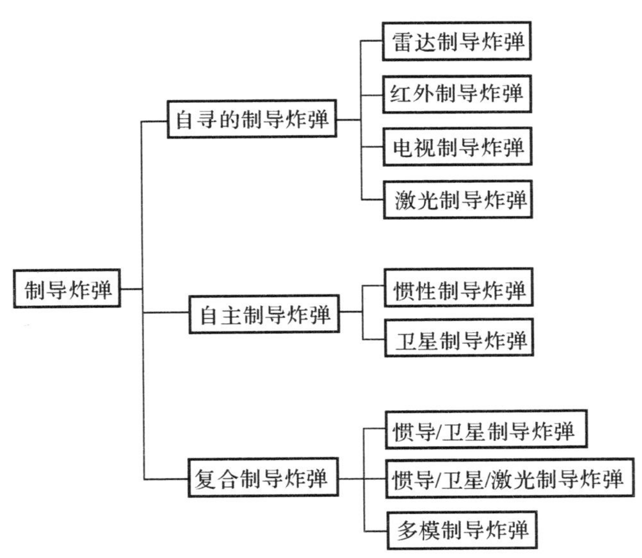

图1-1 制导炸弹按制导方式分类

按其战斗部类型分为整体型制导炸弹、子母型制导炸弹、新型制导炸弹等，如图1-2所示。

现在对几种常见的制导炸弹：激光制导炸弹、惯性制导炸弹、电视制导炸弹、红外制导炸弹和新型制导炸弹进行简要介绍。

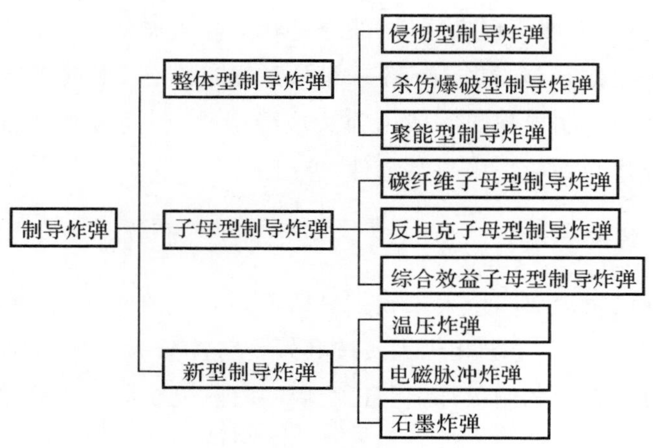

图 1-2　制导炸弹按战斗部类型分类

1.1.2.1　激光制导炸弹

激光制导炸弹是装有激光导引头、制导控制装置、能自动导向目标的炸弹。激光制导炸弹利用地面或飞机上的激光照射器照射目标，在激光制导炸弹投放后，制导炸弹上的激光导引头接收目标反射的激光束，经光电变换形成电信号，输入到控制系统，计算出制导炸弹在飞行中与目标的方向偏差，控制系统控制舵机做出相应调整，导引制导炸弹飞向照射的目标。这种激光制导的方式，就像给炸弹安装了“眼睛”和“大脑”，瞄准目标后，紧紧盯住目标，穷追不放，直到将目标摧毁。激光制导炸弹在载机投放出去之后，以制导方式飞行，能够以较高精度命中目标，CEP 值可控制在几米之内，具有结构简单、价格低廉、威力大、效费比高等优点，在现代空地作战中具有重要意义。激光制导炸弹的射程主要受炸弹气动力和投放高度的影响，目前国外装备的激光制导炸弹的射程通常为 10～20 km。相对于当前蓬勃发展的防空导弹系统而言，飞机投放激光制导炸弹时有可能遭到敌方防空火力的攻击。例如，美国“宝石路”系列激光制导炸弹的射程为 15 km 左右；俄罗斯 KAB-1500L 系列激光制导炸弹的射程可达到20 km；据已经公布的资料显示，加装以色列“格里芬”制导组件组装而成的激光制导炸弹最大射程可达 30 km。

GBU-28 钻地炸弹是美国现役最重的激光制导炸弹，采用 BLU-109/B 侵彻战斗部，半主动激光制导炸弹质量约为 2 300 kg，弹长为 5 840 mm，弹径为 370 mm，翼展为 1 680 mm，战斗部装高爆炸药为 306 kg，结构如图 1-3 所示。

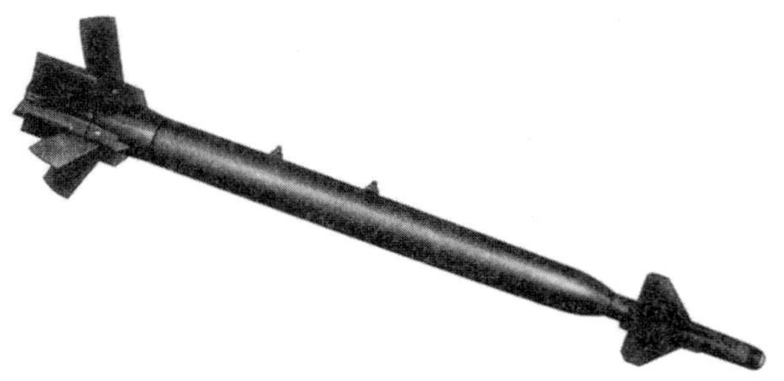

图 1－3　GBU－28 外形示意图

1.1.2.2　卫星制导炸弹

联合直接攻击弹药(JDAM)结构如图 1－4 所示,JDAM 是美国空军和海军联合研制的第四代制导炸弹,是在科索沃战争中攻击我国驻南联盟大使馆的"元凶"。JDAM 以现有美国 MK80 系列常规炸弹为基础,将库存的 74 000 余枚常规炸弹(包括 900 kg 级的 MK84/BLU－109/B 穿甲炸弹、450 kg 级的 MK83/BLU－110 穿甲炸弹)加装惯性制导/GPS 接收机,改制成制导炸弹。改装后的第一阶段产品分为通用型和专用侵彻型,编号分别为 GBU－31 和 GBU－32。与激光制导炸弹相比,JDAM 最大的优点在于不受气象条件的限制和影响,可全天候使用,具备投放后不管等能力,投射距离可达 24 km,命中精度高,其圆概率误差可达 6.5 m。波音公司于 1998 年 6 月交付了首枚 JDAM,1999 年 3 月空袭南联盟之前首批交付了约 937 枚,在作战中使用了约 656 枚。

图 1－4　JDAM 外形示意图

1.1.2.3 电视制导炸弹

电视制导是由制导炸弹上的电视导引头利用目标反射的可见光信息实现对目标捕获跟踪、导引制导炸弹命中目标的被动寻的制导技术。由于利用可见光，所以系统的角分辨率高、精度高、抗电子干扰能力强，但其只能在白天或能见度较好的条件下使用。

电视制导在国外已是成熟技术，电视制导武器已在战争中多次使用。20 世纪 60 年代，美国首先研制并使用了电视制导炸弹，典型的产品是“白星眼”系列电视制导炸弹。“白星眼”Ⅰ于 1967 年装备美国海军，并在越南战场使用。因其战斗部威力有限，继而研发了“白星眼”Ⅱ制导炸弹，战斗部使用 MK84 炸弹。“白星眼”系列制导炸弹的精度一般在 3～4.5 m，在越南战场曾代替“小斗犬”空地导弹大量使用，当时被认为是最精确、有效的空—地常规武器。以色列拉法尔公司在引进美国电视制导炸弹基础上研制了“金字塔”电视制导炸弹，并于 1989 年开始进入以色列空军服役，其制导精度达到了 1 m 以内。

俄罗斯在电视制导炸弹方面的发展较为活跃，KAB－500kr 型电视制导炸弹于 1982 年研制成功，随后投入生产并装备部队，该型制导炸弹装有常规杀爆战斗部，制导精度达到 4～7 m。KAB－500kr－E 型电视制导炸弹结构外形如图 1－5 所示。

图 1－5　KAB－500Kr－E 电视制导炸弹外形图

1.1.2.4 红外制导炸弹

红外成像制导系统的成像质量通常比电视成像质量差，但能够在能见度低或电视制导难以工作的夜间环境下工作，依靠制导炸弹安装的红外扫描成像导引头捕获、跟踪目标，并导引制导炸弹飞向目标。红外成像制导炸弹对目标的依赖性较强，要求目标有不同于背景的热辐射特征（无法识别冷目标），易受云、雨、雾、烟等情况的影响，全天候作战能力差。

总体而言，国外现在装备的红外成像制导炸弹相对较少，包括美国 GBU－15、以色列“奥佛”（Opher）、日本 91 式制导炸弹等。就美国方面而言，红外成像制导炸弹的装备量较少，且在近年来战争中的使用量明显少于激光制导炸弹和卫星制导炸弹。以色列研制的

“奥佛”制导炸弹采用红外成像制导，可配装 MK82、MK83 战斗部，1988 年开始生产，现已装备部队。“奥佛”红外制导炸弹结构外形如图 1-6 所示。

图 1-6　以色列“奥佛”红外制导炸弹外形图

1.1.2.5　新型制导炸弹

随着现代武器技术的发展以及制导炸弹打击目标种类的增加，逐渐出现了新型的战斗部。这些新型战斗部不是利用炸药爆炸或燃料燃烧的方式直接作用于目标，而是利用电磁脉冲、导电材料或超细粉尘等对特定目标实施干扰或进行有限的破坏，进而衍生出新型制导炸弹。

1. 电磁脉冲炸弹

电磁脉冲炸弹(electromagnetic bomb)是一种研制中的新概念高功率微波武器。这种武器有可能改变 21 世纪武器系统的概念，并控制 21 世纪的战场，对未来战争的作战方式将产生重要的影响。高功率微波武器将是信息化时代电子战及常规战不可或缺的杀手锏。电磁脉冲武器由高功率微波源、微波器件、高增益定向天线、发射装置、控制系统及其他辅助设备构成。高功率微波武器就是把高功率微波源产生的微波经过高增益天线定向辐射出去，射向目标，干扰或损毁敌方武器系统的电子器件、控制装置及计算机系统，使通信指挥系统瘫痪。电磁脉冲炸弹产生的强电磁脉冲从“前门”或“后门”耦合敌方电子设备中实施干扰、破坏。“前门”是指电子设备的天线，假如设法获得敌方接收设备的工作频率，就可以通过巧妙的设计，使电磁脉冲武器对敌方电子设备造成更大的破坏。“后门”是指电子设备的导线、通信线、失效的屏蔽部件等，电磁脉冲炸弹的能量通过它们耦合到电子设备中，造成破坏。

在 2003 年的伊拉克战争中，美军使用电磁脉冲炸弹袭击了伊拉克的电视台，造成了伊拉克的电视信号中断了数小时。这种新型制导炸弹利用高强度的电磁脉冲能够破坏半径数十千米内的电子设备,使其难以发挥作用。这也标志着高功率微波武器正式登上了历史舞台。

电磁脉冲效应是在许多年前进行高空核武器爆炸试验时首次观察到的,核爆炸产生出脉冲宽度极窄(几百纳秒)而又非常强烈的电磁脉冲,由中心源向外传播,强度逐渐衰减,如图1-7所示。电磁脉冲炸弹是利用炸药爆炸迅速压缩磁场,瞬间强电磁脉冲达到干扰破坏敌方电子作战系统的目的。其主要毁坏对象包括电视台、政府办公室、生产设施、军事基地、雷达站等的电子器件。

美国战术级电磁脉冲炸弹结构示意图如图1-8所示。

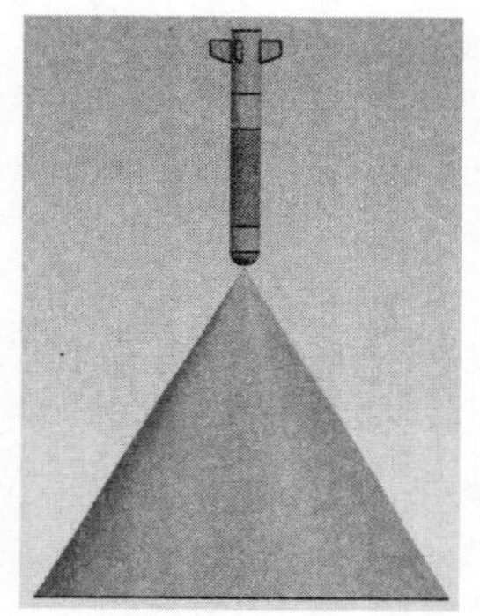

图1-7 电磁脉冲炸弹爆炸高度与杀伤范围示意图

图1-8 电磁脉冲炸弹结构示意图

2.温压炸弹

温压炸弹使用一种富氧组分的炸药,比普通炸药释放能量的时间长,在密闭空间内爆炸时能够产生持续的压力脉冲。美国空军装填了10枚这种战斗部于GBU-15,GBU-24和AGM-130上,并由F-15E飞机携带。温压炸弹在清理隧道、掩体、洞穴和下水道系统方面比常规高爆弹药更加有效。美国希望开发一种能够用于一种或多种现役战斗部的具有较大能力的单一填料。近年来,美国研发了一种PBXIH-135温压填料,它被用在现有反掩体之类的项目上。

温压炸弹的原理:采用固体炸药,而且爆炸物中含有氧化剂,固体炸药以气雾剂形式散开,形成爆炸粒子云后引爆。由于微小炸药颗粒的爆炸力极强,因此,温压炸弹的爆炸效果比任何常规爆炸物更强劲、更持久。据有关资料显示,温压炸弹在有限空间中爆炸时的杀伤效应比开放区域高出50%～100%。代表产品为美国的BLU-118B温压炸弹，波音公司生产的F-15E战斗机被指定为投掷温压炸弹的主要载机。BLU-118B温压炸弹弹长为2 500 mm，弹径为370 mm，内部填充爆炸物质量为250 kg，其战斗部使用FMU-143J/B引信来起爆。

3. 石墨炸弹

石墨炸弹俗称“电力杀手”，因其不以杀伤敌方兵员为目的而得名，又因其对供电系统的强大破坏而被称为“断电炸弹”。石墨炸弹是选用经过特殊处理的碳丝制成的，每根碳丝的直径仅为10 μm，因此，可在高空长时间漂浮。由于碳丝经过流体能量研磨加工制成，且又经过化学清洗，因此，极大地提高了石墨碳纤维的传导性能，石墨碳纤维没有黏性，却能附着在一切物体表面上。

石墨制导炸弹在目标上空炸开后，旋转并释放100～200个小的罐体。每个罐体均带有一个小降落伞，打开后使得小罐减速并保持垂直下降。罐内小型的爆炸装置起爆，使小罐底部弹开，释放出石墨纤维线团。石墨纤维在空中散开，相互交织，形成网状。由于石墨纤维有强导电性，当其搭在供电线路上时即产生短路，造成供电设施瘫痪。

海湾战争时，石墨炸弹在“沙漠风暴”行动中首次登场。当时，美国海军发射舰载战斧式巡航导弹，向伊拉克投掷石墨炸弹，攻击其供电设施，使伊拉克全国供电系统85%瘫痪。以美国为首的北约对南斯拉夫的空袭中，美国空军使用的石墨炸弹型号为BLU-114B，由F117A隐形战斗机于1999年5月2日首次对南斯拉夫电网进行攻击，造成南斯拉夫全国70%的地区断电。

1.2　制导炸弹的研制程序和内容

制导炸弹的研制是一个多学科、多专业技术，是一项综合性强的系统工程。要研制出合格的制导炸弹，必须要有一套工程研制技术程序，用以指导制导炸弹研制工作。对于制导炸弹型号的研制阶段、研制过程、研制情况都应有明确的规定。各个系统严格按照制导炸弹型号研制程序办事，是促进制导炸弹技术发展的重要保证。同时，在研制前成立总设计师系统、质量师系统和行政指挥系统很重要，建立责任制、质量管理体系、标准化管理体系等，确保型号研制顺利进行。

制导炸弹设计是一项复杂的技术，一般分为可行性论证阶段、方案阶段、初样阶段、正样阶段和设计定型阶段，其中初样阶段、正样阶段又统称工程研制阶段。

1.2.1　可行性论证阶段

制导炸弹项目开始研制之前必须进行可行性论证，也就是通常所说的指标论证。制导炸弹研制单位应根据使用方的要求，对准备研制的制导炸弹进行全面的综合论证分析，并根据各分系统前期的预研成果、技术方案的可行性分析报告、关键技术解决情况的报告和研制技术进度，提出可供选择的制导炸弹研制技术方案。

可行性论证阶段是对使用方提出的技术指标进行论证，主要有下述内容。

(1)配合使用单位对制导炸弹作战效能进行分析，就指标合理性及指标之间匹配性提出分析意见。

(2)进行技术可行性分析。设想总体方案和可能采取的主要技术途径并计算总体参数，通过分析和计算向各个分系统提出指标论证要求，综合总体计算结果和分系统论证结果，提出可能达到的指标、主要技术途径和关键技术，必要时，可针对可行性方案中的技术难点提出关键技术研究项目，并组织实施研究。此外，还要对研制经费进行分析。

(3)拟采用的新技术、新材料、新工艺和解决措施。

1.2.2　方案阶段

总体方案阶段是型号研制最重要的阶段，主要开展制导炸弹武器系统方案的论证、设计、气动吹风、仿真分析和验证，确定整体技术方案，是型号研制的决策阶段。方案阶段时间是指从上级机关批准型号研制立项至总体技术方案评审通过之日。

方案设计是完成型号研制方案论证与总体初步设计，并形成方案设计报告，具体内容主要包括以下几方面。

(1)选择和确定主要方案。为进行总体参数选择和计算，首先要选择和确定的主要方案有有效载荷类型和方案、弹道方案、结构总体布局方案、气动外形与部位安排方案、制导控制系统和惯性器件方案等。除了对总体进行论证外还要对分系统提出论证要求，分系统经过论证提出分系统方案，经过多轮协调，最后确定主要方案。

(2)总体设计参数。根据给定射程、载荷等，选取最佳的总体设计参数，来确定制导炸弹的质量、质心和外形尺寸等。

(3)参数计算和分配。根据已确定的制导炸弹技术指标、总体方案和总体设计参数，通过设计和分析计算确定分系统初样设计所需的指标。参数计算和分配主要包括总体原始数据计算、气动设计与计算、弹道设计与计算、制导炸弹固有特性计算、载荷计算、强度计算、制导方案选择和精度指标分配、可靠性预测和指标分配等。

(4)总体提出对各分系统初样设计要求。各分系统初样设计要求包括弹体结构、制导、控制、电气、导航、遥测、地面保障等系统的要求。要统一、科学、协调各分系统的初样设计,保证达到总体的性能指标。

(5)进行原理样弹研制和部分原理性试验。

(6)对弹上机构研制进行规划,制定试验验证措施和质量保证计划,安排机构关键技术攻关。同时,在方案初始阶段引入必要的可靠性分析手段,考虑必要的可靠性措施,以保证设计方案的合理可行。

(7)完成方案阶段评审。

方案评审的主要内容:

1)审查制导炸弹总体方案的正确性、完整性、可行性和合理性,战术技术指标是否满足《制导炸弹型号研制总要求》及实现技术途径的先进性、可行性和合理性;

2)可靠性、维修性、保障性、安全性及测试性大纲及报告;

3)关键技术解决途径和风险分析报告;

4)采用的新材料、新技术、新工艺及其所选方案的可行性分析报告。

1.2.3 初样设计阶段

方案阶段工作结束后,转入初样阶段,各分系统即进入按总体单位提出的《制导炸弹型号研制任务书》《制导炸弹总体技术方案》《制导炸弹标准化大纲》等开展技术方案设计工作,研制初样弹,为初样阶段研制提供全面、准确的数据。初样阶段的任务是用初样弹对设计、工艺方案进行验证,进一步协调技术参数,完善设计方案,为正样飞行试验弹研制提供较准确的技术依据。主要内容包括以下几方面。

(1)初样阶段总体试验。主要进行模型风洞试验、全弹静力试验、全弹振动特性试验、电气系统匹配试验等。

(2)提出对各分系统正样阶段设计要求。它是建立在初样试验的基础上,经过反复协调、试验和精确计算,最后形成对分系统设计技术要求的。

(3)初样弹总装总调。为考验弹上设备及结构的尺寸和公差协调性及工艺装备的协调性,进行初样弹总装总调,为正样弹结构设计奠定基础。

(4)进行总体系统、分系统的可靠性建模、指标分配和预计,完成设计与分析。

(5)进行制导炸弹、火控系统、地面保障设备之间的技术协调,确保各个环节井然有序。

(6)完成初样研制阶段评审。

1.2.4 正样设计阶段

初样阶段工作结束后,转入正样阶段,正样阶段是通过飞行试验检验飞行靶试弹的研制工作并全面检验制导炸弹武器系统性能的阶段。

在修改初样设计和研制的基础上通过飞行靶试试验,全面鉴定制导炸弹武器系统的设计和制造工艺。正样阶段主要工作是进行总体和分系统正样设计,完成正样阶段的地面试验和飞行试验。地面试验包括模态试验、电磁兼容试验、环境试验、可靠性试验、对接与协调试验、挂架组合振动试验等。正样靶试试验弹主要考核制导炸弹工作性能,全面检验制导炸弹武器系统性能。主要内容包括以下几方面。

(1)在初样弹的基础上,进行总体和各分系统的正样设计,编写相关技术文件。

(2)完成正样阶段的加工工艺、生产准备,进行正样弹试制。

(3)正样试验(地面试验、飞行试验):

1)对接与协调试验。该阶段主要包括制导炸弹的流程测试,以及机械、电气的协调试验。在试验界面和靶场对制导炸弹、有效载荷、地面设备实施按挂飞或发射要求的操作,检验制导炸弹的技术状态、性能、参数和路线是否正确,同时检验制导炸弹与地面设备、载机与有效载荷以及制导炸弹各分系统之间的协调性。

2)环境试验。该阶段主要包括高温(贮存和工作)、低温(贮存和工作)、温度冲击、温度-高度、淋雨、湿热、吹砂、冲击、振动(功能振动和耐久振动)和运输振动试验。

3)可靠性试验。

4)飞行试验。在实际的飞行环境条件下进行各种试验。通过飞行试验来验证制导炸弹总体设计方案和各分系统设计方案是否正确,各分系统对实际飞行环境是否适应,系统间是否协调。

(4)完成飞行试验大纲,按大纲要求完成制导炸弹武器系统飞行试验。

(5)编写型号正样研制总结。

(6)完成正样阶段评审。

1.2.5 设计定型阶段

设计定型阶段是使用方对型号的设计实施定型和验收，全面检验制导炸弹武器系统战术技术指标和维护使用性能的阶段。通过考核制导炸弹的战术技术指标的设计定型飞行靶试试验，按有关规定完成设计定型。主要内容包括以下几方面。

(1)进行总体和各分系统的定型设计，编写有关技术文件。

(2)确定设计定型技术状态，完成定型靶试试验产品的研制工作。

(3)完成定型靶试试验产品及关键的弹上设备的《某型制导炸弹设计定型环境定型试验大纲》，并按大纲要求完成规定的设计定型试验。

(4)完成设计定型文件编制工作。

综上所述，制导炸弹总体设计就是利用相关技术知识和系统工程的理论、方法，把各分系统和各单元严密组织协调起来，使之成为一个有机整体，经过从粗到细至精，理论与实践相结合，最终完成制导炸弹研制的一个系统性创造工程。

1.3 制导炸弹结构总体设计特点

制导炸弹总体设计是大系统的技术综合，必须将制导炸弹的各个分系统视为一个有机结合的整体，使其整体性能最优，费用小且周期短。对每一个分系统的技术要求首先从实现整个系统技术协调的观点来考虑，对于分系统与分系统之间的矛盾、分系统与全系统之间的矛盾，都需要总体及结构总体进行协调，然后留给分系统研制单位或总体设计部门去实施。

制导炸弹结构总体设计也是一项综合性很强的工作，是制导炸弹总体设计的一个重要组成部分，也是贯彻落实制导炸弹总体设计思想的必要阶段和内容，对结构设计、结构性能、研制成本和进度往往起到决定性的作用，只有把制导炸弹的结构和总体紧密地结合起来，才能保证制导炸弹各组成部分在弹上的最佳组合和布局，才能设计出满足总体设计技术要求的最佳制导炸弹结构方案，并对弹体各组成部件和各系统弹上设备的有关结构提出设计与结构协调的技术要求。

由于结构总体设计的地位、作用以及制导炸弹的特性，故制导炸弹结构总体设计具有下述主要特点。

(1)结构设计制约条件多。制导炸弹结构总体设计中，一方面要满足制导炸弹总体设计提出的设计指标要求;另一方面,还要受到因制导炸弹结构特点、结构布局等而产生的一些制约条件。例如,由于制导炸弹直径和长度有限,因而弹上空间狭小,故弹上设备布局安排受到限制;又如,不但要考虑制导炸弹与载机的接口关系,还要考虑与地面勤务设备的接口关系等。

(2)方案设计内容广而多。结构总体设计的任务是进行制导炸弹结构的各种方案设计,由于涉及机构设计、弹体结构舱段多、弹上设备多等原因造成结构系统较为复杂,因此结构总体设计的方案内容也非常多。如弹上设备安装布局方案、舱段连接结构方案、弹体结构设计方案、弹体密封设计方案、结构"五性"及"三防"设计方案、结构防腐蚀设计方案、全弹起吊与支承方案等。

(3)结构总体协调工作杂。结构总体设计的直接对象,是组成制导炸弹的各系统,以及一些分系统所包含的弹上设备和结构件,要使这些组成部分适应或满足制导炸弹装配、试验和使用等过程所遇到的各种情况和要求,需要进行大量的结构协调工作;同时制导炸弹与载机、挂架、地面保障之间需要进行大量的接口协调工作。

(4)尺寸计算量大。结合气动分系统给出的全弹初步结构参数,结构总体必须进行制导炸弹全弹结构参数及误差分析与计算,其主要内容包括舱段连接误差、弹头、制导控制尾舱同轴度误差、舵翼安装角与反角误差、弹翼展开角误差、弹上关键设备如惯导组合体的安装误差等精度指标,该指标是进行制导炸弹详细结构设计的前提。

(5)技术文件编制工作量大。制导炸弹结构总体设计的过程、结果和完成形式,大部分都要编写相关的技术文件。技术文件包括技术协调文件和制导炸弹总装总调、测试、包装及使用所需要的文件等,这些技术文件的编制工作量非常大。

因此,结构总体设计是一项复杂的工作,根据制导炸弹结构总体特点,要求结构总体设计人员应具备扎实的基础科学、应用科学和工程技术知识,掌握"结构设计""机构设计""机械制造技术""机械振动""理论力学""材料力学""结构力学"等许多专业技术知识并应具有丰富的设计经验,要有独立处理问题的能力,尤其要具有开拓创新的勇气和智慧。

1.4 制导炸弹结构总体设计的发展趋势

制导炸弹总体设计是制导炸弹系统研制的"龙头",它是一个从已知条件出发研制新产品的过程,是将战术技术指标要求转化为制导炸弹产品的最重要的步骤。制导炸弹结构设计不是孤立地进行产品结构设计,必须从满足全弹总体设计的要求出发,并与总体设计密切配合，进行全弹结构总体设计，保证总体设计的最佳布局下，形成既满足总体设计要求，又满足结构设计要求，且各部分相互协调的弹体结构方案。总体参数设计主要任务是给出制导炸弹基本雏形，结构总体设计是根据基本雏形完成制导炸弹实体化设计，二者同步启动、并列进行、彼此制约、相辅相成。以往制导炸弹结构总体设计主要通过串行式的“静态、合格、确定性设计”选定满足总体参数要求的最佳结构方案，结果往往带有较大的局限性、盲目性、反复性，致使方案修改频繁、设计周期长，进而影响制导炸弹总体技术方案。在此背景下，具有并行式的“动态、优化、可靠性设计”的总体结构设计应运而生，能降低研制成本，缩短研制周期，这一设计思想的转变有助于提高制导炸弹总体结构设计能力。

第 2 章　制导炸弹结构总体设计

2.1 概　　述

制导炸弹结构总体设计的目的是寻求制导炸弹各组成部分在弹上的最佳组合和布局方案，选定能满足总体设计要求的最佳弹体结构方案，并对弹体各组成部件和各系统弹上设备的有关结构提出设计要求，及各部分结构之间的协调技术要求，同时要求弹上设备安排应协调紧凑，并具有较好的工作环境，线路、电缆等尽可能短，便于维修。

弹体结构是制导炸弹的主体部分，由弹身、气动力面（弹翼、舵翼）、弹上机构及一些零、部、组件连接组合而成的具有良好气动外形的壳体。制导炸弹使用过程中，弹体结构应具有足够的强度、刚度和稳定性，能够承受地面训练和飞行中的外力，并维持良好的气动外形，实现阻力小的要求；同时为各系统提供可靠的工作环境，并保证制导炸弹的完整性和有效性。

总体来说，制导炸弹结构总体设计的目的和作用主要有下述几方面。

（1）在制导炸弹方案设计过程中，结构总体设计起着配合制导炸弹总体、开展总体方案设计的作用。分析与选择可能的制导炸弹结构方案、论证各舱段的布局方案、弹上设备的安装布局、弹上电缆线路的布置与走线及弹内有效空间的制约关系等；配合总体确定制导炸弹的理论外形、各分离面位置、各部段几何形状和结构参数、质心及转动惯量等；同时考虑弹翼和舵翼的位置和尺寸，确保各舱段的主要外形尺寸；防止结构详细设计阶段出现重大的技术问题甚至颠覆性问题，包括结构、机构、结构动力特性、成本、进度等问题，使总体设计建立在可靠而且可行的方案设计基础上。

（2）结构设计方面，结构总体设计起着总体和各分系统协调的作用。弹体结构各组成部分及其弹上设备与弹体的接口设计要求，都必须把结构总体设计确定的有关结构协调技术要求作为其设计依据，这样才能确保各分系统设备在弹体内安装的可行性、合理性和操作协调性等，同时有利于提高系统工作的可靠性。正确选择各舱段和翼面的基本结构形式和全弹受力传力特性，确定能满足总体设计要求的最佳结构方案。

(3)制定制导炸弹外形图、结构总体布局图、弹上设备安装图,并初步确定载荷的情况,为制导炸弹的具体结构设计、强度设计提供设计输入。

(4)总装总调方面,结构总体设计起着综合和汇总作用。一方面要把弹体结构舱段和各分系统所包含的弹上设备等,设计组合成完整的制导炸弹产品,并保证制导炸弹的完整性和有效性,为制导炸弹总装提供图纸和技术条件,制导炸弹装配完成后,对其结构进行水平测量,检验结构设计精度,验证结构总体精度分配指标是否合理;另一方面,还要对各系统的有关技术文件进行综合和汇总,编制出供制导炸弹总装和测试使用的技术文件。

2.2　制导炸弹结构总体设计原则与要求

制导炸弹的结构总体规划与设计,是制导炸弹结构总体方案设计和选择的前提,必须在进行结构总体方案设计前确定和完成。结构总体设计是结构设计的全局规划和技术协调的先行者,结构总体设计过程中涉及结构布局、接口协调、精度分配、分离面划分、经费与成本估算等,另外,还应将弹上承载面,各个零、部、组件及弹上设备作合理的安排。因此,在制定和规划制导炸弹的结构总体设计时,应遵循以下设计原则和要求。

2.2.1　结构总体设计原则

2.2.1.1　结构总体设计的基本原则

在进行制导炸弹结构总体设计时,除遵循总体设计的基本要求外,还应遵循下述基本原则。

(1)弹体结构必须满足总体设计提出的技术要求。在规定的使用环境条件下,弹体结构各部分必须保证工作可靠和使用安全,并满足质量特性要求。

(2)满足空海一体化的作战思想,结构“三防”及防腐蚀设计合理运用在结构设计中,提高制导炸弹的使用可靠性和贮存可靠性。

(3)能合理利用制导炸弹技术领域的最新技术和预研成果,使制导炸弹结构具有一定的先进性,但也应尽可能采用成熟的技术成果,以减少技术风险。

(4)制导炸弹的结构静力学、动力学分析应贯穿于结构设计的各个阶段,以保证制导炸弹具有良好的静力和动力学特性。

(5)尽可能采用标准化、通用化和模块化的结构设计,提高制导炸弹零、部、组件的标准化程度。

(6)在制定和选择结构方案时,应充分考虑制导炸弹承制单位的现有工艺水平,保证制导炸弹具有良好的工艺性。

(7)在选择结构总体方案时,必须立足于国内的物质条件,应尽量降低制导炸弹的研制成本,保证制导炸弹的研制周期。

(8)应尽量使制导炸弹具有良好的使用操作性、可维修性和安全性,尽可能达到操作简单、使用安全、维护方便,减少制导炸弹的勤务操作时间,如开箱、装箱、吊装等。

(9)低成本设计思想应贯穿在结构总体设计过程中。

(10)采用互换性的设计理念,保证产品结构具有良好的互换性。

2.2.1.2 弹上设备布置原则

在弹体内布置弹上设备的过程中,通常应考虑下述原则。

(1)满足弹上设备对环境条件的要求,保证弹上设备安全、可靠地工作。

(2)在保证弹上设备功能的前提下,应尽可能将设备布置均匀或对称布置,使弹体横向质心的偏移量达到最小,以利于制导炸弹的飞行和控制。

(3)惯性器件应放在弹体刚度大的位置处(并尽量靠近质心位置),以利于保证安装精度。

(4)同一系统的弹上设备或一套设备所包含的器件、部件等,应尽量集中安排布置,放置在同一舱段内,减少电缆或线路长度。

(5)应有较好的可维修性和可达性,便于使用维护和检测。

(6)安装弹上设备的支架必须具有足够的强度和刚度。

(7)应充分考虑相邻弹上设备间的安全距离。

(8)应满足某些弹上设备对安装位置、安装方向、安装精度、防振、抗干扰等的特殊要求。

(9)弹上设备的布置应尽量使制导炸弹的质量分布均匀。

2.2.2 结构总体设计要求

2.2.2.1 布局要求

结构总体设计应使各种弹上设备具有良好的工作环境,满足弹道飞行设计要求,保证制导炸弹在整个飞行时间内有适宜的静稳定性和可操作性,力求制导炸弹结构简单,工艺性好,质量轻,使用维护便利,并具有互换性等要求。制导炸弹结构总体布局的要求:

(1)确保制导炸弹在整个飞行阶段有适度的静稳定性和可操作性。

(2)合理地放置各个部件,以满足各部件的约束条件。

(3)弹上的各个部件具有良好的工作环境,以保证它们具有良好的工作性能。

(4)尽量采用快卸机构,保证制导炸弹在作战使用中的便捷性,且维护方便。

为使制导炸弹具有一定的静稳定性,应适当安排制导炸弹的质心位置和压心位置。

缩短质心和压心之间的距离，使质心向前移动，压心向后移动，可使制导炸弹得到较大的静稳定裕度。

另外，在部件安排时，应使制导炸弹在整个飞行过程中质心变化尽量小。各个部件位置的安排应尽可能满足它们的特殊要求，如密封性、防潮性、抗振性等要求。

2.2.2.2　设计要求

力求制导炸弹结构简单、工艺性好、使用维护方便，常见具体要求如下：

(1)应使弹体结构外形具有足够的平滑度，为此，多采用整体机械加工结构。整体机械加工的结构外形准确度比铆接、螺栓连接结构好，若用铆接结构应注意局部变形对气动外形的影响。

(2)尽量避免凸起、缝隙等可能增加阻力、降低升力的外表构造。

(3)要有适当数量的分离面，以便于制造、装配、运输及贮存。

(4)弹上设备的安装部位应尽可能做到在拆装时不必拆卸其他部件，更不应该在拆装时造成结构的损伤。

(5)在整个设备布置过程中，要力求所有的设备尽量安排紧凑，以提高弹体内部空间利用率，从而减轻弹体质量和缩短尺寸。

(6)安装弹上设备及组件时，应考虑到检修的开敞性，特别是经常检修的部件，应放在窗口附近，以保证较好的维修可达性。

(7)确定合理的结构外形、加工精度、结构继承性、材料的可加工性等，使制导炸弹的工艺性最优，满足承制单位的加工条件，便于试制加工，降低加工成本。

(8)保证部件的互换性。在批量生产和装配时，以及在使用过程中部件损坏后需要更换时，互换性尤为重要。

(9)提高标准化系数，弹体结构设计时尽量选用标准件和通用件，不仅可以简化设计，避免重复的设计工作，而且还可以降低制导炸弹的制造成本，加快研制进度。

2.2.2.3　使用维护性要求

制导炸弹在使用与维护过程中，操作项目少，操作方便，维护间隔时间长且安全、可靠与否，是衡量结构总体设计好坏的一个重要标志，也是基本要求。结构总体设计过程中通常要考虑操作窗口、设计分离面、引信安装、弹上设备拆装顺序等内容，满足使用简单、维护便利等基本要求。一般采取下述措施。

(1)弹体结构应能承受《研制技术总要求》中的工作环境和贮存环境，在全寿命周期内保证质量要求。

(2)同一分系统的设备或部件应尽可能集中布置,功能相关联的设备或有同样工作环境要求的设备安排在同一舱段内,以提高装配的工艺性和调试的便利性。

(3)包装运输或贮存过程中,经常拆卸的零、部件,其拆卸部位在产品和包装箱上应采取一一对应标志,便于安装,减少勤务训练和挂机时间。

(4)制导炸弹在勤务训练、维护、作战时要求操作简单、便利。

2.2.2.4 弹上设备布置的基本要求

弹上设备是指制导炸弹各系统安装在弹体内各种设备(热电池、惯导组合体、舵机与舵机控制器、遥测设备等)、电缆、转接结构件、线路等的总称。它不仅数量和种类多,且有的外形较为复杂,尺寸较大,并且还要考虑相邻设备间的安全距离。制导炸弹弹体内部可提供安装设备的结构空间往往有限,只有经过设备布置安排和结构协调后,才能确定一些设备的外形尺寸和各舱段的外形及主要结构尺寸,从而为制导炸弹结构设计和相关各分系统的结构设计提供依据。

弹上设备的布置方法,一般分为分散布置和集中布置,两种方法各有优、缺点,必须根据制导炸弹的具体情况分析而定,但要求尽可能地考虑各设备之间的线路连接、散热及电磁兼容问题,并兼顾考虑异种金属间的防腐问题,尽量缩短电缆长度,弹上设备的安装尽可能地做到测试和维护方便。

1. 分散布置

制导炸弹不设专用的设备舱段,把弹上设备分散安装在各个连接舱段中。分散布置有以下特点:

(1)充分利用弹上的有效空间,全弹结构紧凑,提高弹体空间的有效利用率。

(2)减少电缆及线路走向。

(3)设备不集中,检查维护不方便。

2. 集中布置

把弹上设备集中安装在专用的设备舱段内,集中布置有以下特点:

(1)弹上设备集中,不受或少受其他系统工作的影响,保证设备安全、可靠地工作。

(2)利于模块化设计。

(3)便于维护、维修与调试等。

(4)有利于抗恶劣环境设计。

尽管专用设备舱有它的不足之处,但在目前的制导炸弹中还多采用该结构布局。

上述基本要求是相互联系和相互制约的,进行结构总体设计时,要根据制导炸弹总体需要,有针对性地解决实际问题。

2.3　制导炸弹结构总体设计的基本内容

制导炸弹结构总体设计的内容繁多，从项目启动与总体、气动分系统开展全弹结构总体布局开始，至全弹总装总调结束，各个设计阶段均有结构总体设计参与其中。而且一般都先于各个舱段或部段结构设计开展工作。结构总体设计的基本内容：

(1)与总体、气动分系统完成全弹结构总体布局，特别是结构子系统布局，弹上设备布局及安装等；

(2)完成结构总体方案的选取与设计，主要包括：①舱段连接方案；②战斗部布置方案；③设备舱布置方案；④弹上设备的布置方案等；

(3)完成全弹结构总体协调，主要包括：①弹体与弹上设备的结构协调；②弹体与发射装置的结构协调；③弹体与地面勤务设备的结构协调；④弹体窗口与凸出物布局安排协调；⑤舱段连接结构协调；

(4)起吊、运输、支承、挂飞的结构方案设计与选择；

(5)全弹质量特性分析，即全弹质量、质心、转动惯量的分析与设计；

(6)全弹结构精度分配与计算；

(7)进行全弹载荷和强度的初步计算；

(8)进行全弹初步结构设计，主要包括：①弹体结构的初步分析与计算；②结构材料的选取；③弹上机构的初步设计；④弹体结构的连接与密封：⑤弹体结构防腐设计；

(9)进行全弹结构的“五性”及“三防”设计；

(10)进行全弹水平测量分析与计算；

(11)进行弹体结构工艺与继承性分析；

(12)进行经费与成本估算；

(13)制定各类相关的技术文件，安排工作进度。

以上基本内容，在制导炸弹研制的不同阶段侧重点是不同的，其他烦琐的工作贯穿于整个研制阶段。

2.4　制导炸弹结构总体方案布局

2.4.1　结构总体布局

制导炸弹结构总体布局与其外形布局密切相关，由于不同外形衍生出的制导炸弹布局也会有所不同。外形布局是指弹翼、舵翼、尾翼等在弹身上相对位置的安排，特别是控制面位置的选择。控制面的位置选择与制导炸弹的纵向控制形式与要求有关。

现在分别叙述制导炸弹常用的气动面控制形式和外形布局。

1.“无尾”式布局

“无尾”式布局是指主弹翼移到弹身的后部，舵翼在主弹翼的后面，与主弹翼几乎紧靠在一起的一种布局方式。当制导炸弹的翼面受到限制，为了产生足够大的升力，必须通过增大翼弦来增加弹翼面积时，就形成了这种布局。“无尾”式布局如图 2-1 所示。

图 2-1 “无尾”式布局结构图

2. 鸭式布局

鸭式布局是指舵面安置在弹身前部，主弹翼安置在弹身后部的一种布局方式。这种布局，舵面距离质心较远，采用较小的舵面即可构成足够的控制力矩。鸭式布局结构如图 2-2 所示。

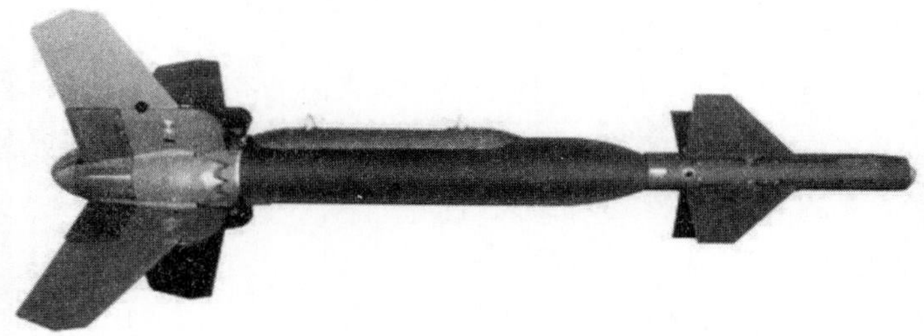

图 2-2 鸭式布局结构图

3. 全动舵布局

全动舵布局是主要用于超声速飞行情况下的一种布局方式，因为在高马赫数下全动舵具有良好的效率，全动舵布局如图 2-3 所示。

4. 后缘舵布局

沿固定升力面的后缘安置的可动舵面，称为后缘舵。对亚声速飞行的制导炸弹，后缘舵用得很普遍，在亚声速飞行条件下，舵面偏转不仅使舵面本身产生法向力，而且在舵面之前的固定翼面上也能产生法向力。因此小的舵面积可获得高的操纵效率。后缘舵布局如图 2-4 所示。

图 2-3　全动舵布局结构图

图 2-4　后缘舵布局结构图

制导炸弹常见的控制舵面布置在制导控制尾舱上，远离制导炸弹质心的控制布局。制导炸弹气动面控制形式和外形布局不同，造成弹体结构布局、结构形式、舱段连接、弹上设备布置位置等均有较大差异。SDB 与“宝石路Ⅳ”结构总体布局如图 2-5、图 2-6 所示。

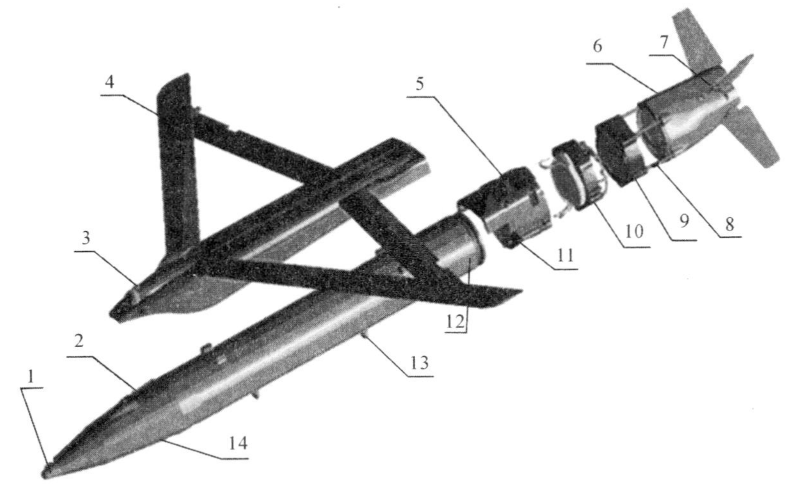

图 2-5　SDB 结构布局图

1—爆破顶端；2—弹头填装；3—解保发生器；4—菱背翼；5—AJGPS 天线；6—热电池；7—尾部驱动系统；8—GPS 接收装置；9—抗干扰模块；10—任务计算机；11—IMU；12—引信；13—吊耳；14—弹头壳体

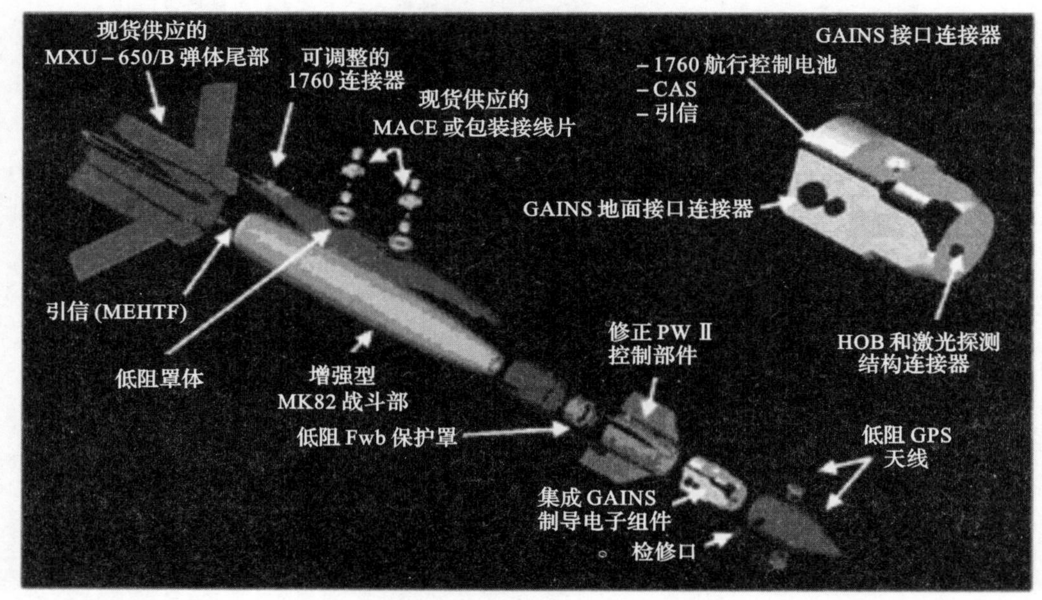

图 2－6 “宝石路Ⅳ”结构布局图

2.4.2 结构布局子系统

在完成结构总体基本布局方案后，进行弹体结构的具体设计，进一步估算出制导炸弹的质量、质心，用于气动外形的详细设计。

气动外形设计确定了制导炸弹的气动布局形式，弹翼、舵翼等布局位置便可基本确定，接下来进行吹飞试验，优化舵翼转轴的最佳位置。

舱段分离面可采用系统功能进行划分，如导引头、战斗部、惯导组合体等大部件，可视情况设计成单独舱段。舵机、舵机控制器、热电池等集中放置，应尽可能安排在同一舱段内，实现模块化安装。制导炸弹承力部位通常选择结构强度、刚度较高的舱段分离面处。

1. 导引头

导引头可以分为雷达型、光学型和复合型导引头，它们都要求导引头视场前方有一个比较大的视野，以进行目标的搜索、捕获和跟踪。导引头由天线(雷达型)、位标器(光学型)和电子组件等组成，雷达型和光学型导引头搜索和瞄准视野的正前方，制导炸弹只有弹体头部满足这一工作环境，因此导引头一般安装在制导炸弹的头部。

导引头通常将相关的组成部分包装成一个整体，安装在制导炸弹的头部，外加整流罩加以保护，改善气动外形。由于整流罩的存在，对信号的传输将产生衰减、折射甚至畸变等不利影响，因此，整流罩的外形、结构材料应综合考虑信号传输、气动性能和工艺等方面的要求。

导引头与战斗部的连接方式一般采用套接或对接结构，通过定位销保证其装配精度。

2. 控制系统

控制系统主要包括舵机和舵机控制器，为了便于安装及测试，应尽量安排在同一舱段，舵机通常安装在制导控制尾舱内，因舵机控制器无装配精度要求，故一般通过螺钉拧紧即可，而舵机与舱体的连接通过定位销保证装配精度。舵机是控制制导炸弹舵面偏转的伺服机构，舵机应尽量靠近操纵面，以提高控制的准确度，提高和稳定舵传动系统的模态，舵面安装部位应具有足够的刚度，避免由于舵面受力后，安装舵机周围的结构产生变形，造成舵机传动机构运动受险。

3. 导航系统

导航系统设备主要包括惯导组合体、任务机等，为了准确感受制导炸弹质心位置的运动参数，最好将惯导组合体安排在制导炸弹质心附近刚度大的结构件上，同时应保证惯导组合体的安装精度，并远离振动源。惯导组合体对机械安装精度要求较高，通过“一面两销”的安装方式满足定位要求，而任务机一般无装配精度要求，通过螺钉拧紧即可。

4. 引信与战斗部系统

引信一般可分为近炸引信和触发引信。近炸引信是按目标特征或环境特性感觉目标的存在、距离和方向而作用的引信，一般由发火控制系统、安全系统、爆炸序列和能源装置等部分组成。近炸引信安装位置应远离振源，如果允许，引信应靠近安全和解除保险装置和战斗部，以免电路损耗大，影响战斗部起爆。触发引信应安置在与弹体直接相连的结构刚度比较大的部位，如舱体本体或舱段连接框上，一般采用螺纹连接。

战斗部通常单独成舱段，分为整体战斗部和子母战斗部，其外围应避免有过强的结构，以免影响战斗部的起爆威力。战斗部在制导炸弹临近目标时，在适当的时刻起爆，迅速地释放能量，产生爆炸作用，在一定的范围内对目标进行物理毁伤，甚至摧毁目标，因此，战斗部是制导炸弹不可缺少的组成部分。

5. 电气系统

电气设备中的热电池、综控装置等可根据空间需要合理放置，电缆的布置须考虑舱段的空间拆装要求。热电池、综控装置等弹上设备一般无装配精度要求，通过螺钉拧紧即可，电缆一般通过线卡或捆扎线的形式固定在舱体内。

6.遥测系统

遥测系统设备安装在研制阶段的靶试试验弹上，在产品定型阶段后取消，一般情况下，用配重块代替遥测设备。因此，在研制阶段放置遥测设备时，应综合考虑其安装位置的操作便利性问题，若安装处采用铸造结构，应充分考虑铸造模具，尽量避免重新设计模具。遥测设备的安装一般无装配精度要求，通过螺钉拧紧即可。

2.5 制导炸弹结构总体方案选取与设计

制导炸弹一般由头舱或导引头、弹身或战斗部、制导控制尾舱、弹翼组件等组成。结构总体方案是针对设计要求进行的多目标、多方案的优化设计，是进行制导炸弹结构设计的基础和重要前提。根据制导炸弹总体设计提出的结构设计要求和设计指标，以及其他分系统的设计条件等，设计或论证几种可行的技术方案和结构形式，然后进行综合分析和比较，从中选出一种最优的结构方案。结构总体设计方案中一般进行以下几方面的内容：分离面的划分方案、战斗部的布置方案、设备舱的布置、弹上设备的布置方案。分离面设计一般是按结构功能进行划分的，尽量把功能相近或功能相关性大的部、组件放在一起，以便制导炸弹的集中设计、调试，缩短电缆连接的长度，提高制导炸弹的集成度，应尽量减少制导炸弹的舱段分离面，以减轻制导炸弹的质量，提高制导炸弹的固有频率。为了装配、调试方便，也不能把舱段设计得过长，过长的舱段会降低结构装配维修的可达性，增加制导炸弹的维修成本。

2.5.1 分离面划分方案

考虑到空气动力特性及功能的差别，制导炸弹的弹身、弹翼和舵翼等部件的几何形状、结构形式及选材有着显著的差别，这就是制导炸弹弹体结构分成各个独立的部件的原因。但从工艺的角度出发，它们还可进一步分解满足零件加工和装配工艺的要求。制导炸弹结构可分解成多个装配单元，相临装配单元之间的连接处或结合处就形成了分离面。在保证工艺和使用维护要求的前提下，分离面数目越少，对产品减重越有利，而且可以提高产品的结构刚度，增大固有频率。制导炸弹的分离面一般根据用途，可分为设计分离面和工艺分离面两大类。

1.设计分离面

设计分离面是根据制导炸弹产品结构、使用维护和安全等方面的需要而设置的。设计分离面中，有一部分又起工艺分离面的作用，如头舱（导引头）分离面、尾部整流罩分离面等。它也是在制导炸弹总装或使用过程中进行舱段连接的，一般采用对接或套接形式。弹翼为了便于加工及更换，常使它和弹体分离，设计成独立的部件；舵翼相对于弹体做轴线转动，因此其也需设计成独立的部件。

2. 工艺分离面

工艺分离面是为了满足加工、装配等需要，提高结构工艺性而设置的，它仅在制导炸弹的制造过程中起作用。在制定加工、装配工艺方案时，应根据生产条件和装配原则选取适当的工艺分离面。

3. 选择设计分离面和工艺分离面的原则

制导炸弹弹体结构总体方案不仅要满足结构和使用上的要求，而且必须满足生产上的要求。设计分离面的选择应考虑制导炸弹的性能、使用和维护要求，并保证分离出的部件具有相对完整性、足够的强度和刚度；工艺分离面的选择主要考虑加工制造的可行性、工件敞开性和两种装配原则（分散装配原则和集中装配原则），使工艺分离面的划分既做到结构开敞性好、改善加工及装配条件、有利于缩短装配时间和提高装配质量，又能使协调关系比较简单，减少工艺装备和缩短生产周期，从而达到较好的技术经济效果。一般科研试制阶段常采用集中装配原则，工艺分离面应尽量少；定型后宜采用分散装配原则，工艺分离面应适当增加。

2.5.2　战斗部布置方案

战斗部是制导炸弹的有效载荷，是直接用来摧毁目标的部件，在制导炸弹中占有重要的地位。战斗部的质量、质心对制导炸弹的质量、质心影响较大，很大程度上决定全弹的质量和质心，一般应根据制导炸弹的总体设计要求（主要考虑威力性能指标），使战斗部的质量在制导炸弹的总质量中占有合理的比例。

由于制导炸弹要对付的目标种类繁多，不同的作战使命对战斗部的需求也不同，选择战斗部类型的基本原则是保证整个制导炸弹武器系统具有最佳的摧毁效率。

1. 战斗部的位置安排

战斗部在制导炸弹上的位置，既要考虑应保证能最大限度地发挥战斗部对目标的破坏作用，也要考虑制导炸弹弹体结构的部位安排和气动布局要求。一般而言，战斗部位于全弹的头部和中部。

FT－1 型制导炸弹，整体战斗部位于全弹的头部，如图 2－7 所示。

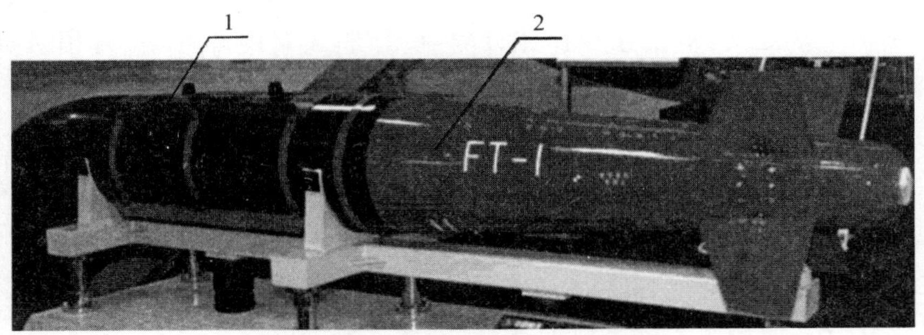

图 2-7　FT-1 型制导炸弹

1—战斗部；　2—制导控制尾舱

某型子母制导炸弹，子母战斗部位于全弹的中部，如图 2-8 所示。

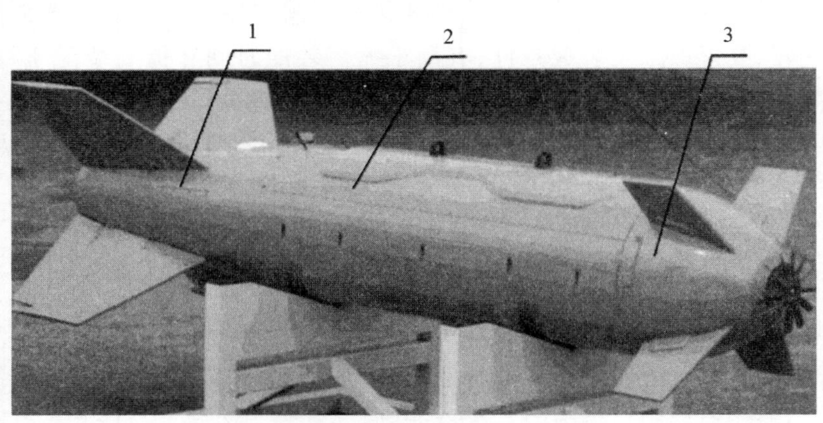

图 2-8　某型子母制导炸弹

1—制导控制尾舱；　2—子母型战斗部；　3—头舱

2. 战斗部的结构类型

战斗部作为制导炸弹的一个部件，在进行结构设计时与结构总体相协调。战斗部的类型、承力结构、连接形式、吊耳安装位置等则与全弹结构有关，其质量、质心、转动惯量、接口尺寸、外形尺寸等满足结构总体要求。

现在分别对侵彻、杀伤爆破、聚能及子母等几种典型的常规战斗部进行简要论述。

(1)侵彻战斗部。侵彻战斗部是依靠战斗部自身动能侵入目标，在引信预定程序作用下，引爆战斗部传爆药柱，继而起爆主装药，毁伤目标。侵彻战斗部通常采用尖卵形头部、大长径比外形，高强度整体式战斗部壳体和尾螺，全包覆装药结构，装填高能钝感的炸药，配装抗高过载引信。

战斗部壳体是战斗部的结构主体，既要具有合适的形状，满足侵彻性能和强度要求，又要具有足够的装药空间，满足爆破性能要求。侵彻硬目标过程中，战斗部壳体要承受很高的冲击载荷，从而对弹体材料及结构强度提出了较高要求。根据战斗部壳体的受力分析，保证侵彻过程中战斗部的结构强度、保护内部装药，战斗部壳体应具有高强度和高应变率，一般选用高强度特种钢作为战斗部壳体材料，如 30CrMnSi、35CrMnSiA 等。整体式侵彻战斗部常采用机械加工、旋压、焊接等加工形式。

美国 BLU－109/B 型侵彻战斗部剖面图如图 2－9 所示，BLU－116/B 型侵彻战斗部如图 2－10 所示。

图 2－9　BLU－109/B 型侵彻战斗部剖面图

图 2－10　BLU－116/B 型侵彻战斗部

(2)杀伤爆破战斗部。杀伤爆破战斗部主要由炸药爆炸作用于壳体或破片体，形成大量高速破片群，利用破片的动能高速撞击、引燃、引爆作用毁伤目标。

战斗部壳体通常采用硬壳式结构，由隔框、壳体、主装炸药、传爆药柱及附件等组成。硬壳式结构起容纳炸药、形成杀伤破片、连接其他组件(导引头舱、制导尾舱等)等作用。壳体一般选用 20＃钢，采用壳体刻槽、装药表面刻槽、药柱聚能刻槽、壳体区域脆化、镶嵌钢珠、圆环叠加点焊等形式，爆炸以后所形成的破片在预控质量范围内的破片数多，破片成型性能好。

美国 MK84 杀伤爆破战斗部剖面图如图 2－11 所示。

(3)聚能战斗部。根据杀伤元素形式不同，聚能战斗部可分为射流聚能和爆炸成型战斗部两种;按结构形式又可分为单级聚能、串联式聚能战斗部等。聚能战斗部主要是利用主装药爆炸时药型罩聚能效应形成高速、密实、连续的金属射流,用来侵彻毁伤装甲等目标。为增加打击后效,采用活性材料药型罩,爆炸形成射流,侵入目标后产生爆炸,形成侵彻和内爆效应两种毁伤机理联合作用,大幅提高聚能战斗部的毁伤威力。聚能战斗部主要由传爆序列、战斗部壳体、主装药、药型罩等组成。

图 2-11　MK84 杀伤爆破战斗部剖面图

药型罩是聚能战斗部的核心部件,主要包括材料选取、形状、结构设计等。

1)药型罩材料选取。药型罩的作用是在炸药爆炸高温、高压爆轰波作用下,被压缩而形成金属射流。因此,药型罩所选用材料应满足高密度、高塑性、强度及熔点适当。药型罩常用材料有紫铜、铝合金、钢、钛合金等。大量的试验表明,紫铜药型罩破甲性能最好。

2)药型罩形状。目前,通过对各种形状的药型罩进行的深入研究,发现锥形药型罩是可靠性高、破甲效果好的药型罩形状。随着加工技术的进步,已出现多种异型药型罩,常见形式有锥形、截锥形、圆锥形、双锥形、半球形、抛物线形等,如图 2-12 所示。

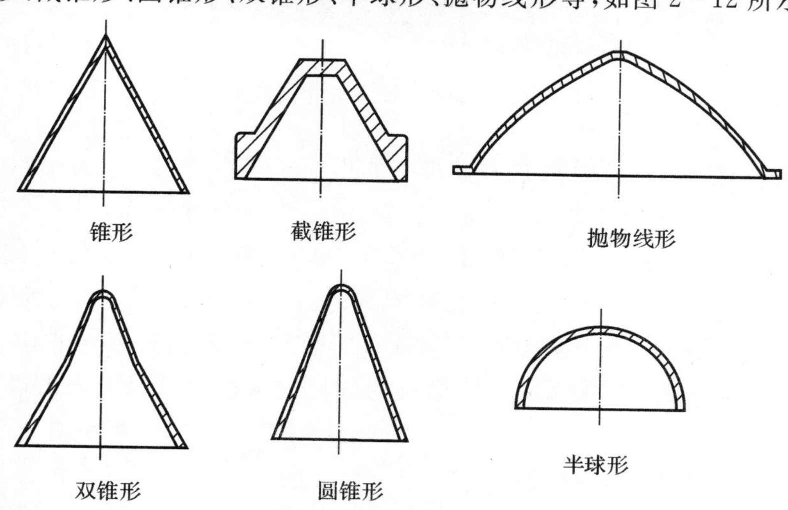

图 2-12　常用药型罩结构形状示意图

3)药型罩结构。药型罩的结构参数对形成的射流有较大的影响。药型罩结构参数主要有半锥角 α、罩壁厚 δ、壁厚变化率 Δ、药型罩高度 h、药型罩开口直径 d 等。

美国 AGM－65A/B 聚能战斗部如图 2－13 所示。

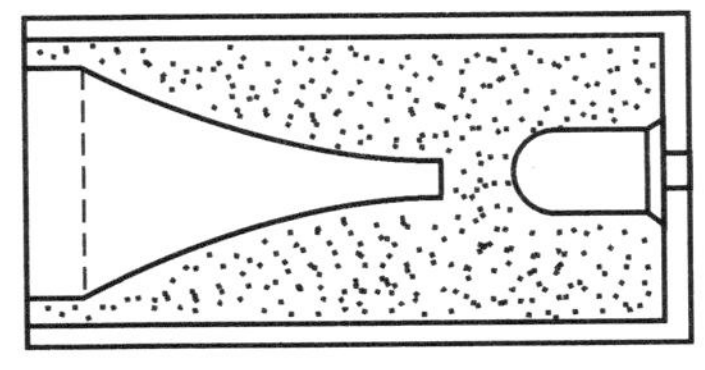

图 2－13　AGM－65A/B 聚能战斗部

(4)子母战斗部。子母战斗部作为制导炸弹的载荷单元,主要用于装填一定数量的相同或不同类型的子弹药,并按照预定的要求开舱抛撒子弹药,使子弹药形成一定的散布面积和散布密度,依靠子弹药来摧毁目标的战斗部。

在进行子母战斗部结构设计时,应与结构总体相协调,并满足以下要求:

1)子母战斗部的承力结构、连接形式、吊耳安装位置等则与全弹结构有关,其质量、质心、转动惯量、接口尺寸、外形尺寸等满足结构总体要求;

2)子母战斗部要满足结构密封性、连接快捷性、电磁兼容性、贮存可靠性及互换性等方面的要求;

3)子母战斗部要满足引信安装与起爆、电缆穿插走线、子弹药时间装定接口等要求。

子母战斗部舱结构较为复杂,一般由隔框、承力芯轴、抛撒系统、子弹药、蒙皮及蒙皮切割装置等组成。其中承力芯轴是全弹的承力骨架,承力芯轴在设计时要有足够的强度与刚度。作战时,制导炸弹飞行至目标区域上空时,蒙皮切割装置作用,将蒙皮切割开,同时抛撒机构作用,通过燃气压力将子弹药从战斗部舱抛出。某型子母战斗部结构简图如图 2－14 所示。

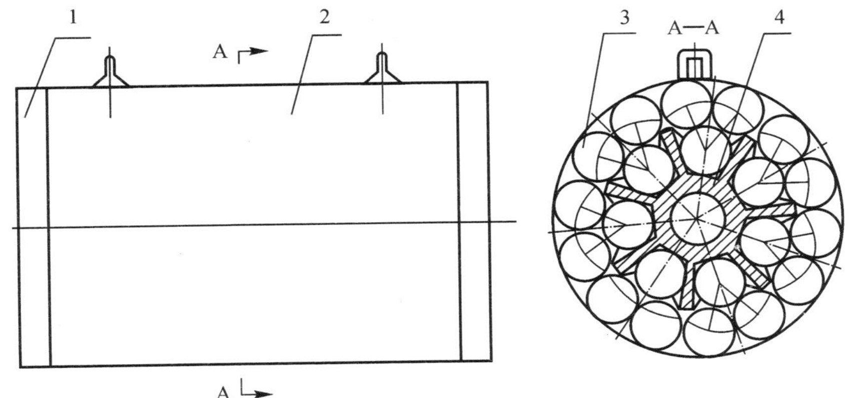

图 2－14　某型子母战斗部舱结构简图

1—隔框；　2—蒙皮；　3—子弹药；　4—承力芯轴

美国 CUB-87/B 子母型制导炸弹结构简图如图 2-15 所示。

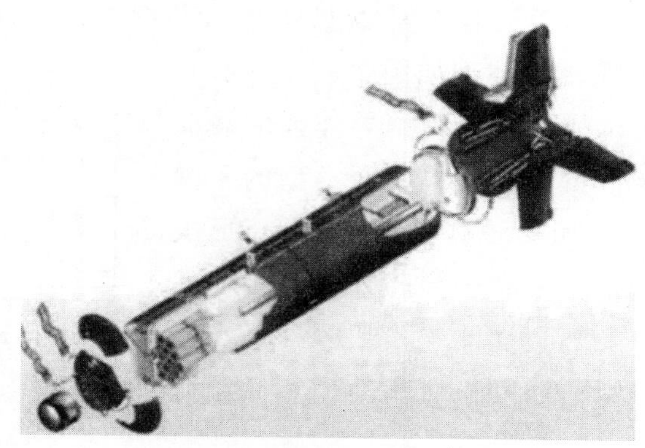

图 2-15　CUB-87/B 子母型制导炸弹结构简图

2.5.3　设备舱布置方案

设备舱顾名思义就是安装弹上设备的舱体或舱段，一般随弹上设备的名称而命名，比如，安装能源设备的舱体称为能源舱；安装舵机、舵机控制器的舱体称为舵机舱；安装热电池的舱体称为热电池舱等，甚至有的统称为制导控制尾舱。

制导炸弹和航空炸弹最大的区别在于它具有导引系统，即俗称“大脑”。以激光制导炸弹为例，它的基本功能是捕获被攻击目标的信息，并对信息进行处理，为制导炸弹提供指引和导航，通常简称为导引头，一般位于制导炸弹的头部。控制系统好比制导炸弹的“中枢神经”，一般是指舵机及舵机控制器，它的基本作用是执行导引头生成的制导指令，控制制导炸弹的飞行姿态和运动轨迹，保证制导炸弹准确命中目标。热电池及弹上电缆通常称为“血液和血管”，为弹上设备的正常运行提供电源。此外，其他弹上设备如自毁装置、遥测设备、天线等不再一一叙述。由此可见，设备舱的布置在制导炸弹结构总体中占有重要的地位，设备舱一般安装在制导炸弹的后部或尾部，如图 2-7、图 2-8 所示，少数位于前端。

在进行设备舱布置设计过程中，一般应遵循下述原则。

1)设备舱的布置设计应将同套设备或功能相近设备集中布置，减少连接距离，减轻连接质量；

2)设备舱的布置设计要考虑使用维护方便，操作窗口、检测窗口设计要合理；

3)设备舱的布置设计应注意相互协调，尽量避免因某一弹上设备故障而拆装大量其他的设备；

4)设备舱的布置设计要考虑对全弹质量、质心的影响。

设备舱的布置设计是否合理，是否紧凑，代表了制导炸弹结构总体的设计水平，设备舱中每一空间都应得到充分利用，布置设计过程中要充分提高设备舱的空间利用率。

影响设备舱的布置方案因素是多方面的，如设备舱尺寸约束、设备约束、空间约束、布局约束等，不能一概而论，根据实际情况合理布置，如图 2-5 所示是制导炸弹设备舱常见布局形式。

2.5.4　弹上设备布置方案

弹上设备布置方案的设计和进行弹体内部空间尺寸结构协调，是结构总体方案制定必须要考虑的问题。制定弹上设备布置方案的目的是确定弹上设备在弹体内安装位置的可行性研究。弹上设备的安排也是一个复杂的问题，必须考虑多方面的因素，同时每种型号的制导炸弹都有自己的设计要求与设计条件，不能千篇一律地处理，因此，弹上设备安排的原则是具体问题具体分析，通常需要从下述几方面来考虑。

1.弹上设备的功能和用途

导航控制系统设备，主要包括惯性器件、舵机、舵机控制器、任务机、电源等，为了准确感受制导炸弹质心位置的运动参数，最好将惯性器件安排在制导炸弹的质心附近，并远离振动源。速率陀螺能敏感弹体的弹性振动，因此，尽可能把它安排在离节点较远的波峰处，如图 2-16 所示，避免或减小由于弹体弹性振动引起的角速度信号失真和避免严重情况下引起的共振。安排这些敏感器件时，不仅应进行弹性体的振动特性计算，还应进行振动模态试验。舵机应尽量靠近舵面转轴位置处，这样可以简化执行机构和执行结构的长度，提高控制准确度。

引信与战斗部系统设备，如近炸引信应尽量靠近战斗部，以免增大电路损耗，影响战斗部起爆。为保证其可靠性，应远离振源。触发引信应安装在弹体结构强度、刚度较高的部位，如舱体本体上或舱体的连接框上。

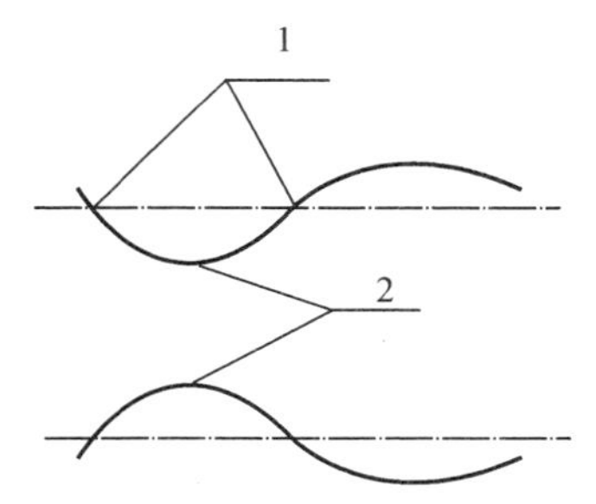

图 2-16　角速度陀螺安放的影响

1—节点；　2—波峰

安全自毁系统中的自毁装置或程序控制器，应布置在设备舱内，以保证它们完成制导炸弹飞行中所承担的任务。但其爆炸器等应布置在所要炸毁的目标上或目标附近，以便紧急情况下摧毁目标。

遥测系统中的设备，通常也布置在设备舱内，一般集中组合安装，既便于安装和减小电缆长度，也利于在制导炸弹定型设计时方便将其去除，而使设备舱内的设备布局无须做较大的变动，一般用配重块替代遥测设备即可。

2. 弹上设备性能和安装要求

选定弹上设备在弹体内布局位置时，应根据弹上设备性能对弹体内环境适应性和对安装刚度及强度要求，来确定具体的安装方案。

惯导组合体等高精度设备，通常应放在设备舱内，而且要求安装基面刚度大、安装面加工精度高、环境条件好、远离振源；同时尽量安排在靠近全弹质心处，以精确感受航向、俯仰，减少弹体受干扰时产生的附加信号。

速率陀螺应尽量安排在制导炸弹弹性固有振型的波峰或波谷附近，以减少弹体弹性振动引起的角速度信号失真，避免严重情况下引起的共振。

3. 使用维护性

制导炸弹既要承受远距离运输，长时间贮存，又要兼顾多次挂机、挂飞训练和测试要求，其使用环境复杂，弹上设备结构布局安排时应考虑包装运输、维护检测和作战使用的需求，以满足制导炸弹的使用作战要求。同时弹上设备布置应综合考虑检测、维护、操作空间等条件要求。一般情况下，经常检测、维护和操作的设备放在舱体窗口附近，不经常维护的设备放在内层；大型弹上设备放在内层，小型弹上设备放在外层，以改善舱体窗口开敞性；一般先装配基准件、重大件，后装配复杂件、精密件，同时装配顺序为先里后外，易损的零、部件尽可能最后装配；现场安装的设备或经常拆装的设备应放在舱体窗口附近，避免拆动其他设备等。

4. 弹上设备安装的防松措施

在安装弹上设备过程中，一般采用以下防松措施：

(1)开口销——用于带减振和缓冲的设备安装；

(2)双螺母——用于质量大、体积大的设备；

(3)弹簧垫圈——用于小型设备的刚性连接结构上；

(4)防松胶——用于不拆卸的设备上；

(5)保险丝——用于关键、重要(简称关重)设备的防松。

为了提高螺纹连接的可靠性，对于重要部位应采用力矩扳手，使螺纹连接具有一定的预紧力。

实际上，弹上设备布置方案的确定与结构总体协调之间是紧密相关的，有时需要交叉进行，互为设计条件。以上所探讨的弹上设备布置方案，是设备布局安排的第一步，具体的布置方案还必须通过弹体内部空间尺寸和相互关联的结构尺寸协调后，把某些重要的、复杂的、关键的弹上设备的外形和主要结构尺寸定下来，才能最后确定。

5. 弹上设备安排布置图

进行弹上设备安排时必须考虑弹上各系统及设备的特殊要求，保证弹上设备具有良好的工作环境。目前，“小型化、模块化”是制导炸弹设计的发展方向，各系统设备的小型化设计可以提高部位安排空间，减轻全弹质量；分系统设备的模块化设计，有利于弹体空间部位安排的合理布局和调整，同时提高系统互换性，利于安装维护。弹上设备安排的结果，具体反映在安排布置图上。制导炸弹的研制过程，也是弹上设备安排布置图的细化、完善的过程。在制导炸弹结构总体设计的初期，弹上设备通常用矩形块或方块表示。随着设计工作的深入和反复协调，通过三维建模或利用原理样弹或模型弹实物，最终把弹上设备在弹体的安装位置确定下来。

为了完成制导炸弹的质心定位，要求用较大比例尺绘制两个投影的部位安排图。在主视图上应尽可能多反映弹上设备，在两个投影图无法表示清楚的各弹上设备的安装位置关系时，应增加相应的视图。各弹上设备之间应留出合理的安全距离，以避免在振动的条件下设备之间发生碰撞。

电缆、线路等往往难于绘制在弹上设备安排布置图上，在部位安排中需要留出必要的边缘空间。目前，随着三维软件 UG，Pro / E 等的快速发展，已出现电缆、线路走线设计模块，使电缆与线路走线在结构总体布局中越来越便利。

随着计算机技术的发展以及图形学的出现，目前基本上利用计算机实现了制导炸弹的弹上设备安排。绘制弹上设备安装布置图还应与原理样弹或三维模型配合进行。弹上设备安排是一项涉及面广、影响因素多的系统工程，因此，即使在相同原则指导下进行此项工作，各类制导炸弹的弹上设备的安排形式也差异甚大。图 2 - 17 所示为某型制导炸弹弹上设备及部件安排布置图。

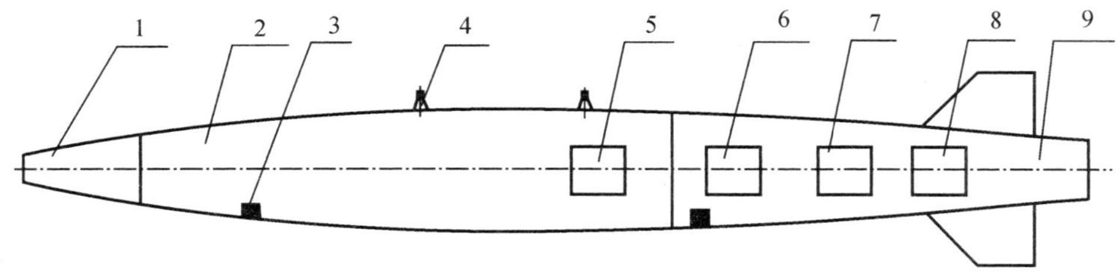

图 2 - 17　某型制导炸弹弹上设备及部件安排布置图

1—舱段Ⅰ；　2—舱段Ⅱ；　3—支承处；　4—起吊处；　5—设备Ⅰ；　6—设备Ⅱ；
7—设备Ⅲ；　8—设备Ⅳ；　9—舱段Ⅲ

2.5.5 舱段连接方案

根据制导炸弹武器系统使用、管理以及制造分工等特点和需要，常常把制导炸弹分为多个舱段，各舱段功能不同，它们之间各自独立设计和试制。结构总体设计的内容之一，就是要把各独立的舱段连接组合成一个完整的制导炸弹弹体结构。为此，首先要进行舱段连接方案的策划与选择，然后进行结构协调和舱段连接结构设计，并为各舱段结构设计提供设计条件和要求。

1. 舱段连接结构设计的原则和要求

舱段连接结构设计的原则和要求是基于制导炸弹结构总体设计的基本思想而提出的，具体有以下原则和要求：

(1)必须保证连接结构在制导炸弹使用过程中具有足够的强度、刚度及结构可靠度。

(2)尽量使结构简单，在满足安全系数的要求下质量轻。

(3)连接结构应有良好的加工工艺性。

(4)舱体上必须开设检测或安装窗口时，应合理地设计窗口的形状、数量和位置，尽量减小窗口对舱体结构强度、刚度的削弱。

(5)避免舱体结构的平面部位与曲面蒙皮连接，产生装配间隙，因紧固件连接时的压紧作用而消失，蒙皮将产生装配应力。

(6)应合理安排受力构件和传力路线，使载荷合理地分配和传递，减少或避免构件受附加载荷，尽量不影响舱段结构件的承载性能。

(7)对有密封要求的舱段，应选择密封性能良好的结构形式。

(8)结构设计过程中应考虑材料间的相容性问题。

(9)结构设计过程中应考虑结构“五性”设计、“三防”设计及结构防腐蚀设计。

实际上，由其他设计条件限制(如舱段材料、舱段结构形式、加工工艺、安装及操作空间等)，以上的设计要求很难同时达到。因此，在进行舱段连接方案选择时，必须进行全面分析和综合考虑，在满足主要设计要求的前提下，选取最优的弹体结构总方案。

2. 舱段连接结构形式

舱段分离面的连接形式对全弹固有频率有较大的影响，舱段连接不合理或者连接性能不好，也会影响制导炸弹的飞行性能，因此设计必须精心慎重。常见的分离面的连接形式有舱段套接形式(径向连接)、舱段对接形式(轴向连接、斜向盘式连接)、螺纹连接、V形块连接等形式。

2.6　制导炸弹结构总体协调

2.6.1　协调任务及协调原则

制导炸弹结构总体设计是在结构总体方案基本确定的基础上进行的，其主要有以下任务。

(1)进行弹上设备的安装空间协调，对弹上设备的外形、主要结构尺寸和安装位置提出要求。

(2)进行弹体结构、弹上机构、发射装置、载机接口、地面勤务设备等的结构协调，确定初步连接形式，并提出结构协调要求。

(3)对弹体主要构件之间连接关系进行协调，同时对各类接口关系进行协调，并提出结构协调要求。

(4)对弹上各类窗口和突出物的位置、形状和尺寸进行协调。

(5)进行各舱段连接计算，同时对连接面的连接结构进行协调。

(6)进行弹体结构偏差计算，确定各舱段几何尺寸偏差和形位偏差的指标精度，根据指标精度进行协调与分配。

(7)协调弹体上机弹分离开关与发射装置的连接关系，避免有些挂架不具备连接机弹分离开关的条件。

在进行制导炸弹结构总体设计过程中，应遵循以下几项主要原则和要求。

(1)在协调和确定各舱段外形尺寸和其他主要结构参数时，既要保证弹上设备的安装空间，又要尽量缩小外形尺寸，尽可能实现制导炸弹总体性能的最优组合方案。

(2)在完成弹上设备和各舱段连接后，必须保证相邻弹上设备之间、弹上设备与舱段上结构件之间有适当的间隙，避免在飞行中因弹体振动引起相互碰撞。

(3)弹上设备布置要紧凑，提高弹体空间利用率。为了充分利用弹体空间，可以要求某些设备外形与舱体安装区域几何尺寸接近或相同，即按弹体内腔结构及尺寸确定弹上设备的外形和尺寸。

(4)弹上设备的安装位置和固定方式，应与舱段结构特点和受力形式相适应，尽量避免舱体结构局部因增大刚度而增加结构质量。

(5)确定弹体窗口位置和窗口尺寸，既要考虑与地面勤务设备的协调性，又要考虑使用维护过程中的可达性、维修性和操作便利性，窗口尺寸在同一弹体上应尽量系列化、规范化。

(6)为了减少弹体阻力和复杂的气动干扰，应尽量减少弹体外部突出物数量。对于必不可少的突出物，应尽量减小其外形尺寸，特别是突出高度。突出物沿圆周要均匀分布或对称分布，且尽量加装整流罩。

(7)吊挂或吊耳应安装在接框或刚度、强度大的舱体位置处，结构安装精度参照GJB1C—2006执行。

2.6.2 弹体与弹上设备的结构协调

通常，制导炸弹弹体内部安装设备的空间与弹径、弹体长度等有关，一般小直径的制导炸弹安装设备的空间狭小，安装空间的几何形状相对复杂。因此，在弹上设备布局方案确定之后，还需要进行弹体与弹上设备之间的结构协调，从而确定舱体对弹上设备的外形尺寸、几何尺寸等要求，为弹上设备结构设计和弹体结构设计提供依据。目前，针对弹上设备而言，在满足主要技术指标的条件下，结构分系统希望弹上设备越小越好，而其他各分系统希望弹上设备越大越好，越大越容易设计，这就造成结构分系统与弹上设备其他分系统产生了根源性矛盾，在制导炸弹结构总体设计期间，结构总体的任务就是协调结构与其他分系统并解决该问题。

2.6.2.1 协调项目和内容

1. 弹上设备外形及几何尺寸与舱体结构的协调

这是弹体与弹上设备间结构协调的一个主要项目，目的是解决弹上设备结构尺寸与弹体结构空间不相适应这一关键矛盾。各分系统设备的结构尺寸越大，往往越容易设计，而舱体空间往往在弹径、弹长等关键尺寸确定后，弹体内部空间也随之确定，结构分系统要求弹上设备尺寸越小越好，结构总体的关键任务就是解决此类矛盾。

在协调确定弹上设备的外形和几何尺寸时，对于一些设备应尽量缩短它在制导炸弹轴向方向的尺寸，若轴向尺寸无法全部缩短时，则可将设备外形设计成与舱体对应空间相似或相适应的外形。

2. 弹上设备安装结构与舱体的结构协调

一般情况下，弹上设备的安装和连接结构形式应以各分系统选定的结构为主。但是，在进行弹体结构协调设计时，往往会出现结构空间不能满足弹上设备的安装要求，有时为了提高制导炸弹性能而必须减小弹体结构空间时，可采取改进弹上设备外形尺寸和安装方式来解决该问题。

2.6.2.2　协调方法和措施

在具体结构协调工作中，不同的研制阶段采用的协调方法和措施也不相同。弹上设备与舱体内安装空间的结构协调，有时需要一轮，多数情况下需要进行多轮次沟通协调，是个反复的过程，必要时需和设备布局方案选择工作交叉进行，主要采用以下方法和措施。

1. 结构布局图及简单模型法

在方案设计阶段初期，可通过进行适当计算、绘制简单结构布局图及简单模型等方法，完成结构协调任务。这些做法对于结构关系比较简单的部位，以及用于初步选定一些影响舱体主要结构的关键弹上设备的布置方案和外形尺寸等，无疑是行之有效的。但有时根据研制进度要求，新研某型弹上设备往往赶不上进度，这就要求采用成熟的弹上设备，根据弹上设备的结构尺寸和形状设计舱体结构，造成舱体设计复杂，成本增加。

2. 三维模型和原理样弹

弹体内需要安装的弹上设备和支承结构件较多，各系统之间交叉牵连，安装空间又不规则。因此，一些弹上设备的形状和尺寸等很难通过协调图确定下来，为了更好地检查各弹上设备之间，弹上设备与结构件间等是否会发生干涉现象，为此需要设计三维模型或原理样弹通过装配来协调设备间的空间关系，确定设备的外形和尺寸等结构参数。

(1)三维模型的装配协调。主要是在方案阶段用选定弹上设备的安装位置，通过对弹上设备的外形及尺寸的要求，确定结构舱段的基本外形尺寸。目前，随着计算机辅助设计的飞速发展，近年来已采用计算机三维模拟虚拟装配(UG，Pro/E 等)来进行协调。采用三维模型虚拟装配，不但可以记录装配序列、装配路径，而且在装配过程中，弹上设备之间、弹上设备与舱体间发生干涉会出现报错信息，方便结构设计人员及时处理问题。随着 UG，Pro/E 等三维软件的更新与发展，出现了电气模块，使电气插座接线、布线走线更加便利，使装配协调更易确定。

(2)原理样弹的装配协调。一般在制导炸弹结构设计方案确定后，组成弹体的各个舱段和各分系统的弹上设备等外形和尺寸已确定，并均已研制出实物，原理样弹装配就具备了研制条件。原理样弹装配协调的主要目的和任务：

1)验证结构总体布局的合理性、正确性。

2)检查弹内结构空间的协调性，防止弹上设备间因种种原因而干涉。

3)确定电缆敷设位置和电缆的走向和长度。

4)验证弹体装配工艺性，检查各类窗口、弹上设备等的适应性、可操作性等。

5)检查工装设备、专用工具等的适应性以及与弹体结构的协调性。

6)查找协调图和三维模型难以发现的其他技术细节问题。

三维虚拟装配所用的设备只要求外形和主要轮廓尺寸;而原理样弹装配,除了这一条基本要求外,电气设备应有准确的并能插接的电连接器实物,电缆的敷设和走线均可表现出来。

实践证明,虽然原理样弹和真正产品有一定的差别,但它是一个很实用并能体现制导炸弹结构几何关系的协调工具。

2.6.3 弹体与发射装置的结构协调

制导炸弹通过发射装置(或简称挂架)悬挂于载机上,制导炸弹布局应与载机、发射装置结构相协调,制导炸弹与发射装置结构协调的主要内容包括:①制导炸弹的发射方式(采用导轨式发射、弹射发射)或悬挂方式;②制导炸弹吊挂(吊耳)的数量及结构形式;③弹架分离插座的结构形式;④制导炸弹的质心相对于吊挂的位置;⑤吊挂与其悬挂物结构间的间距控制;⑥前后吊挂间距精度;⑦电连接器与后吊挂的距离及精度;⑧机弹分离开关与挂架的收缩距离与精度;⑨导轨发射时,吊挂与导轨间的安装装配精度等。同时,与发射装置的结构协调应考虑发射架的通用性。制导炸弹与发射装置进行协调,应满足多种挂架接口关系,使制导炸弹具有广泛的通用性和互换性,从而使载机具备执行多种任务的效能,全面提高制导炸弹的实战效率。

制导炸弹一般采用吊挂或吊耳为其在挂载时与载机对接的机械接口,且吊挂或吊耳还应承受制导炸弹发射及滑行时的过载。发射装置挂载于载机的相应挂点,要求发射装置具备挂载不小于制导炸弹质量的能力。发射装置机械接口要求符合GJB1C—2006《机载悬挂物和悬挂装置接合部位的通用设计准则》要求。在进行弹体结构设计时,吊挂(吊耳)结构件区域需布置加强框,承受和传递该区域以垂直于弹体或沿弹体轴线的集中力的形式作用到弹体结构上的载荷。

常用吊挂(吊耳)结构件有吊耳式、导轨式两种结构。

1.吊耳式悬挂

选用发射装置进行制导炸弹的悬挂与投放,常采用吊耳式悬挂方式。图2-18所示为第Ⅱ,Ⅲ,Ⅳ重量级机载悬挂物用吊耳结构简图,图2-19所示为吊耳常用连接形式,其中吊耳座与舱体采用焊接连接结构形式。

2.导轨式悬挂

采用导轨式进行吊挂的悬挂、发射时,常采用滑块式接口形式(见图2-20和图2-21)。导轨式发射的吊挂简图如图2-22所示,吊挂常用连接形式如图2-23所示。

制导炸弹的吊挂位置需与载机、发射装置协调，按国家军用标准相关标准执行，并保证制导炸弹质心位置满足设计要求。如采用吊耳式弹射的制导炸弹吊耳间距为 355.6 mm或 762 mm，质心位置在吊耳间距中心±76 mm 范围内，电连接器与后吊挂的间距为 432 mm，精度一般控制在±6 mm 范围内；采用导轨式发射，前、后吊挂间距为 1 540 mm，精度一般控制在±1.5 mm 范围内。

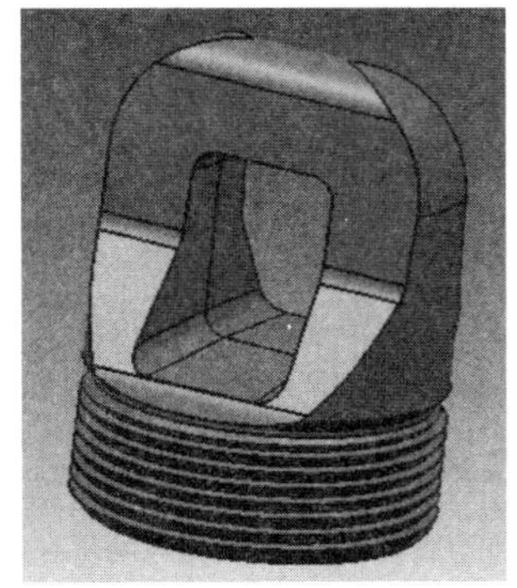

图 2-18　吊耳结构简图

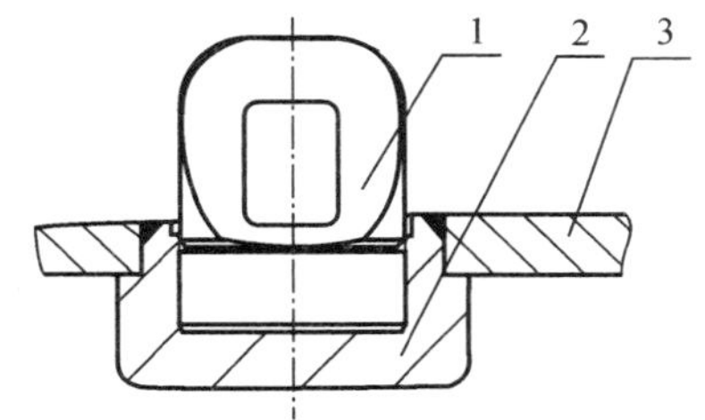

图 2-19　吊耳连接形式

1—吊耳；　2—吊耳座；　3—舱体

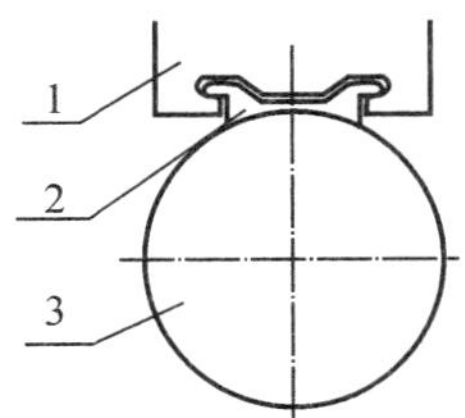

图 2-20　T 形内滑块

1—导轨；　2—吊挂；　3—某型制导炸弹

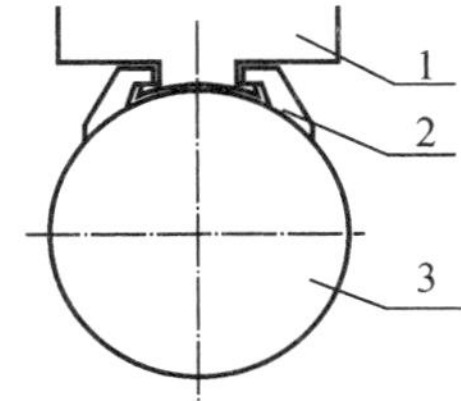

图 2-21　T 形外滑块

1—导轨；　2—吊挂；　3—某型制导炸弹

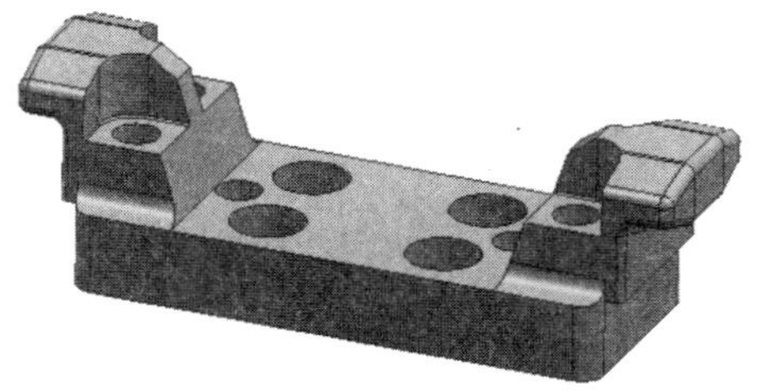

图 2-22　吊挂结构简图

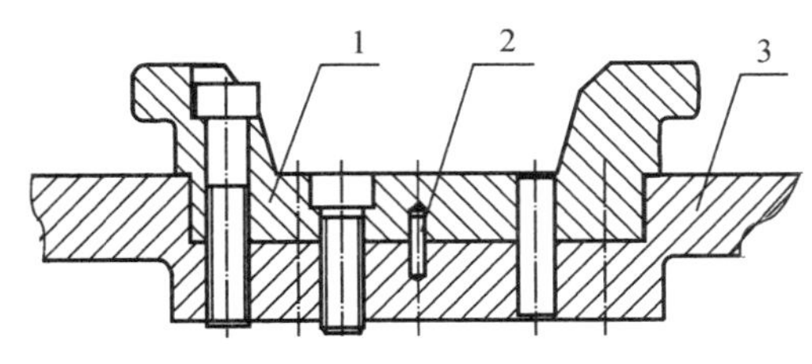

图 2-23　吊挂连接形式

1—吊挂；　2—定位销；　3—舱体

2.6.4 弹体与地面勤务设备的结构协调

制导炸弹在总装和地面勤务训练过程中，弹体上的吊耳、支承点等支承部位都承受较严重的集中载荷。支承点位置和支承结构形式直接影响弹体结构的受力和承力、传力结构的设计。同时，制导炸弹起吊、运输、挂机训练等勤务设备所承受的制导炸弹的质量和过载也很大。因此，弹体结构设计对地面勤务设备的结构设计有直接的影响，必须考虑它们之间的协调关系。

弹体与勤务设备的结构协调应满足下述要求。

(1)在地面勤务训练使用(起吊、运输、挂机等)时，弹体结构不应产生影响安全性能的变形，同时保证弹上设备技术状态良好。

(2)吊挂(吊耳)、支承点等承力部位应布置在舱段对接框、加强框、铸造舱体加强区域等处，应充分利用弹体已有的加强结构，尽量不增加或少增加加强构件，减轻质量。

(3)应尽可能使支承结构承力和传力合理，并且有足够的强度和刚度，不产生严重变形和损坏。

(4)支承结构应简单，与弹体的连接及拆卸方便，以减少辅助操作时间。

由于制导炸弹支承结构设计与制导炸弹的总装总调和勤务训练等地面使用密切相关，确保结构工作可靠性和使用安全性，是设计人员应首先考虑和遵循的原则。对于制导炸弹结构总体设计而言，制定实施制导炸弹使用操作的结构总体方案，为有关地面勤务设备的结构设计提供设计条件和协调要求，支承形式设计主要包括支承点位置、支承部位的结构形式等，同时为弹体有关舱段结构设计提供技术要求和设计条件。

2.6.5 弹体窗口与凸出物布局安排协调

2.6.5.1 弹体窗口布局安排协调

为了使用操作便利，弹体上应布置一些窗口。由于窗口类型不同、用途各异，同时受到弹体构造和勤务设备条件的限制，因此，当进行弹体上窗口布局协调和结构尺寸协调时，应遵循布局合理、协调性好、工艺性好、可操作性好等设计原则，尽量达到最优组合的结构总体设计布局。

(1)弹上设备安装、维修和检测窗口。安装、维修和检测窗口的开口位置应考虑弹体在总装总调和使用过程中的停放状态，应保证操作人员操作便利、使用方便。

(2)各舱段连接安装用窗口。主要考虑与制导炸弹总体外形及操作使用要求的协调。在保证连接刚度的情况下，窗口数量不宜过多，窗口数量过多增加质量的同时也增加弹体装配时间，这对战时使用极为不利。

(3)弹上设备与勤务设备间的机械、电气等接口、结构安装口。该类位置安排必须与发射装置协调后确定，对于接口部件安装位置，则主要应考虑操作者操作方便。

2.6.5.2　弹体凸出物布局安排协调

一般而言，制导炸弹凸出物所产生的升力很小，这是由于设计凸出物时不允许产生大升力，另外凸出物大多靠近弹翼、舵翼、吊挂(吊耳)等组合物或阻滞区附近，使其增升效果不明显。参照防空导弹的凸出物设计，一般将凸出物等零、部件对阻力的影响综合在一起，把零升阻力增大 10%。若要单个计算也不难，可采用凸出物的最大迎风面积 Δs 来估算，其作用力中心为面积中心，则附加阻力系数为

$$\Delta C_x = 0.9\Delta s/s \qquad (2-1)$$

式中，s 为参考面积。

大部分凸出物一般采用沿圆周均匀布置或对称设计，其附加力矩可忽略。

1. 凸出物与布局协调

制导炸弹弹体外表面的凸出物主要包括电缆整流罩、机弹分离开关、电连接器、吊耳(吊挂)、连接螺钉等。确定弹体凸出物的布局和结构尺寸，首先要保证能满足其发挥功能的要求。此外，还应考虑与运输、地面勤务训练、发射装置等设备在结构上协调一致。

2. 弹体气动特性设计

协调确定弹体凸出物位置和外形尺寸时，还应考虑尽量减少对弹体气动特性的不利影响。为此可考虑采取如下措施：

(1)尽量减少凸出物在弹体径向和周向的尺寸。

(2)凸出物外形在制导炸弹飞行方向前段应制出斜角，尽量避免采取与弹体垂直，如不影响使用功能，凸出物外部应尽量设计整流罩。

(3)凸出物应分散和沿圆周均匀布置。对于同类型、同尺寸的凸出物应尽量采用对称布置。

2.6.5.3　弹体开口与凸出物协调图

弹体开口与凸出物布局安排和结构尺寸协调完成后，应绘制弹体开口与凸出物结构协调图，作为开展弹体结构设计的依据。该图应包括以下主要内容。

(1)弹体各舱段的布局、外形尺寸。

(2)弹体开口和凸出物的数量、位置尺寸、结构尺寸及偏差要求、技术要求等。

2.6.5.4　舱段连接结构协调

弹体各舱段与各部件的结构形式是根据全弹受力传力方案和受力构件的布置来确定的，同样，各舱段、各部件间的连接结构也是由全弹受力传力方案决定的，这就要求设计分

离面上的连接结构必须与分离面的结构形式协调，具体协调的内容：

(1)确定弹体各舱段间的连接形式和传力特点，确定各分离面上与连接形式相适应的连接点数量和位置要求，从而保证分离面两边的舱段在结构形式、受力传力、连接形式间的协调。

(2)根据受力传力路线设计，选择弹身与翼面的连接结构形式，从而确定翼面与弹身间的连接结构形式和数量、安装精度等，保证翼面与弹身连接结构在形式和受力传力上相互协调。

(3)确定舵翼的连接形式，根据舵翼的拆卸情况，合理设计舵翼与舵机转轴之间的连接形式。

(4)舱段结构布局中应尽量避免传力路线上结构件不连续，若传力路线交叉时，一般结构件应给主要受力构件或受载严重的结构件让路。

(5)在连接结构协调完成后，应绘制弹体连接结构协调图，对各舱段、各部件分别提出连接结构协调技术要求，并作为各舱段、各部件结构设计的依据。

2.7 制导炸弹结构物理参数

制导炸弹的质量、质心、转动惯量和几何尺寸等在很大程度上影响制导炸弹武器系统的机动能力和作战使用，因此，需要对制导炸弹质量、质心、转动惯量和外形尺寸等提出限制要求。制导炸弹的战术技术指标一经确定，就明确了对制导炸弹飞行性能的要求，根据战术技术指标要求可以合理地选择制导炸弹的飞行性能数据，规定制导炸弹各组成部分的外形尺寸、质量要求等，作为各分系统详细设计的输入。

2.7.1 结构参数

制导炸弹的弹长、弹径、弹翼翼展、舵翼翼展、质量、质心、转动惯量、模态以及各组成部件的尺寸、质量、质心等参数，均关系着制导炸弹的物理特性，需要通过设计分析才能明确，一般称为制导炸弹的物理参数，就制导炸弹结构总体而言，制导炸弹物理参数可以分为两部分，针对结构，一部分是设计输入，如制导炸弹的弹长、舵轴位置、舵翼翼展、弹翼翼展、质量、质心和弹径等，另一部分是设计输出，如制导炸弹的转动惯量、模态参数等。

结构总体的设计输出同样重要，其往往是另一分系统的设计输入。

在方案设计阶段，制导炸弹各系统尚处于论证阶段，没有详细的结构，制导炸弹的质量、质心及转动惯量等物理参数一般通过估算或参考相似产品的数据得到，分系统的结构基本确定后，这些物理参数可以在计算机上通过建立制导炸弹三维实体模型，并对三维实体模型上的各个部件赋予结构材料属性，得到制导炸弹三维实体模型的质量、质心及转动惯量等参数。

2.7.2　质量、质心控制

制导炸弹总体设计过程复杂，涉及的专业面广，需要多轮协调设计才能得到理想的设计参数，制导炸弹的质量、质心是制导炸弹最为重要的参数之一，属于制导炸弹的原始参数，是制导炸弹弹道、气动、控制等设计的基础。制导炸弹质量、质心控制的意义在于：在制导炸弹设计初期，选择一个合理的、有预见性的质量、质心，加以控制并贯穿到制导炸弹研制的整个过程。要精确控制制导炸弹的飞行轨迹，首先要精确了解制导炸弹的质量特性参数（质量、质心、转动惯量等）。制导炸弹的质量、质心、转动惯量等为制导炸弹的飞行姿态和理论计算提供了重要的基础参数，因此，对制导炸弹的质量、质心、转动惯量等进行控制和测量是至关重要的。制导炸弹设计一般具有继承性，即使是新概念制导炸弹的设计，其研制过程也可以充分借鉴国内外现有的制导炸弹的经验数据和设计准则，根据国内工业能力能够达到的水平，在考虑制造成本的情况下，对制导炸弹各分系统的质量、质心进行预测。根据制导炸弹结构特点及研制经验可得制导炸弹的初始质心位置一般控制在全弹长度的 40%～50%，制导炸弹的质量公差往往由零、部、组件公差决定，零、部、组件公差参照相应的国家行业标准或国军标。

可以通过以下几方面设计进行制导炸弹质量、质心的控制。

2.7.2.1　合理设计制导炸弹的承力结构

结构装配需要和结构装载需要这两个因素影响了制导炸弹结构件的体积和质量。弹上设备一般通过螺钉和销钉等连接到舱体上，制导炸弹上的这一部分一般仅承载惯性力，其工作环境较好，为了减轻质量，应当采用一些轻质材料，如铝合金、镁合金等。

弹体结构属于制导炸弹的主要承力结构，其设计原则为：

（1）在充分考虑结构工艺性的前提下，使主要承力结构尽可能地满足在最大载荷时的等强度设计。

（2）选择合理的受力形式，使力在结构中传递得最直接，传力路线最短。

（3）轴类零件截面突变区应有足够的过渡区或过渡圆角半径。

（4）采用合理结构及剖面设计，使应力分布均匀，提高材料的利用率。

(5)使结构件具有多种功能。

(6)采用整体铸造结构替代骨架蒙皮结构,减少装配应力和利于结构防腐蚀设计。

(7)合理选择材料,零件材料的力学性能应与零件的受力状态一致。在满足使用要求的前提下应尽可能采用轻质材料或比刚度、比强度高的材料。

(8)避免或减缓零件刚度突变。

2.7.2.2 合理设计制导炸弹的刚度

制导炸弹的刚度并非越大越好,制导炸弹刚度对制导炸弹的性能的影响一般表现在以下两方面:①弹体变形对气动外形的影响;②对制导炸弹振动响应特性的影响。

2.7.2.3 正确选择载荷

制导炸弹在全寿命周期内,不仅有自主飞行载荷,还有挂飞载荷以及其他载荷。载荷是随机变量,分析作用在制导炸弹上的载荷性质,使这些载荷能真实反映制导炸弹使用和飞行过程中的真实情况。制导炸弹的自主飞行载荷比较容易获得,也比较准确,而且它是一次性的,因此,制导炸弹自主飞行载荷的结构强度设计也比较容易。制导炸弹的挂飞载荷比较复杂,挂飞载荷主要作用在制导炸弹的吊挂(吊耳)上,吊挂(吊耳)强度及抗疲劳能力是制导炸弹挂飞安全性设计的关键,挂飞载荷可以通过经验和风洞试验得到,也可以根据 GJB1C—2006 估算,具有一定的误差。载荷不准,给结构设计带来较大的风险,造成盲目设计,使制导炸弹质量超标或造成恶劣载荷下弹体破坏等情况。因此,为了减轻制导炸弹的结构质量,应提高制导炸弹的挂飞载荷的准确性。

2.7.2.4 合理地规定结构强度设计安全系数

制导炸弹结构设计应满足总体设计规定的质量指标,满足对质心位置的要求。因此在结构强度、刚度计算和分析时不能过大提高弹体的结构强度和刚度,增加结构质量,降低制导炸弹的性能。一般情况下,制导炸弹结构强度安全系数 n 取 1.5。

2.7.3 质量质心及转动惯量测量与计算

制导炸弹结构复杂,内部安装部件较多,且存在零、部件加工制造及装配误差,理论计算难以精确得到弹体结构的质量特性参数,须对制导炸弹产品进行实物测量,根据测量结果进行相应的设计修正,对于质心、转动惯量超差的产品必须调整质心,重新测量直到满足要求为止。

2.7.3.1 质量要求

1.质量最轻原则

对于制导炸弹而言，在保证强度、刚度的基础上，使弹体结构达到最轻，意味着有效载荷的增加，因此，结构质量最轻始终是制导炸弹结构总体设计追求的目标，“为减轻航空武器的每一克质量而奋斗”成为结构设计师的口号。为了使制导炸弹质量最轻，应考虑下述原则。

(1)提高制导精度，提升战斗部的杀伤效能，以减轻战斗部质量。

(2)在满足制导炸弹性能、成本因素等前提下，应尽可能采用模块化、集成化的设计思路。相关部件(如舵机与舵机控制器等)尽可能靠近，提高弹体空间利用率，减小电缆长度，使弹体结构尽可能紧凑。弹上设备外壳的强度和刚度能满足舱段壳体设计要求时，应将弹上设备外壳替代舱体外壳，以充分利用结构材料的性能。

(3)在保证工艺和使用维护要求的前提下，减少制导炸弹的分离面和舱体窗口的数量。分离面或窗口数量过多，必然会增加连接和加强刚度的零件，造成弹体结构质量增加。

(4)尽可能发挥结构材料的综合受力能力，实现等强度设计，减轻制导炸弹的质量。

(5)合理利用轻质合金和复合材料，减轻弹体结构质量。

2.结构轻量化设计原则

近年来轻质合金在制导炸弹所用材料中比例不断上升，高强度钢、铝合金、镁合金、复合材料和工程塑料等的应用越来越广泛。特别是铝合金的应用更具前景，采用先进的设计方法和理论计算，“以铝代钢”是弹体结构减重的重要措施。

(1)实现结构轻量化的途径。

1)轻量化结构优化设计。开发弹体结构零、部件整体加工技术和相关的模块化设计和制造技术，多目标优化设计方法，包括多种轻量化材料的匹配，零、部件的优化分块等。利用空心零件、枝杈类结构代替实体结构，在确保力学性能前提下，从结构上减少零、部件质量等措施。

2)轻质材料的开发研究。针对关键部位的零件对材料的使用要求，开发研究轻质、高性能、易成形、易加工、低成本、耐腐蚀的先进材料，为制导炸弹轻量化设计提供材料基础和技术支撑。

3)先进制造工艺研究。研究复杂零件整体成形材料流动不均匀性的产生原因和影响因素，开展多种形式的材料流动阻力控制方式及相应工艺理论和设计技术的研究。针对轻质材料如铝合金的变形加工特性，研发新加工工艺，实现铝合金构件均匀、精确、成形完成，保证完整成形流线、达到最优组织，从而提高材料力学性能，实现减重和提高使用性能的双重效果。

(2) 构件轻量化设计准则。塑性材料的失效是强度和变形的综合因素决定的，在制导炸弹结构总体设计中采用轻量化材料问题，如用轻质铝镁合金代替高强度钢的可靠性，需要综合考虑这两方面的因素。材料的韧度是指材料在静拉伸时单位体积材料从变形到断裂所消耗的功；也叫静力韧度(U_T)，是材料强度和塑性的综合表现。它是正应力-应变曲线下所包围的面积，有

$$U_T = \int_0^{\varepsilon_f} \sigma \mathrm{d}\varepsilon \tag{2-2}$$

式中 σ—— 流变应力；

ε_f—— 断裂时总应变。

工程上为了简化方便，对金属材料近似采取：

$$U_T = \int_0^{\varepsilon_f} \sigma \mathrm{d}\varepsilon \approx \sigma_b \delta_f \approx \frac{\sigma_s + \sigma_b}{2} \delta_f \tag{2-3}$$

式中 σ_s—— 屈服强度；

σ_b—— 抗拉强度；

δ_f—— 延伸率。

要保证轻质铝镁合金代替高强度钢的寿命和可靠性，就必须要求铝镁合金具备保证安全所必要的静力韧度。专家、学者们通过综合研究分析零件失效与材料性能的关系，尤其是韧性指标的作用，提出了等效静力韧度匹配准则：等效静力韧度是指零件在力作用下，单位体积材料从变形到断裂所消耗的功相等时，具有等同安全可靠性。

等效静力韧度可表示为

$$U' = \int_0^V U_T \mathrm{d}V = \int_0^\delta S\left(\frac{\sigma_s + \sigma_b}{2}\right) \delta_f \mathrm{d}\delta \tag{2-4}$$

式中 U'—— 等效静力韧度(MPa · mm^3)；

S—— 构件的有效面积(mm^2)；

σ_s—— 构件材料的屈服强度(MPa)；

σ_b—— 构件材料的抗拉强度(MPa)；

δ—— 材料延伸率(%)；

h—— 构件的有效厚度(mm)。

在零件设计过程中，在满足强度要求的前提下，为保证寿命和可靠性要求，构件需要满足等效韧度要求，即

$$U'_{构件} \geqslant U' \tag{2-5}$$

式中，$U'_{构件}$ 为构件静力韧度（$MPa \cdot mm^3$）。

当选用铝合金、镁合金等轻质材料替代高强度钢时，出现静力韧度不等时，可用铝合金、镁合金零件的尺寸来补偿，保证弹体结构的可靠性。如在弹体结构设计过程中，采用等效静力韧度设计原则，用铝合金材料隔框代替 45# 钢隔框，在强度、刚度满足要求的条件下，减重效果明显，取得良好效果。

2.7.3.2　质心测量与计算

制导炸弹质心测量常常采用悬挂法，通过直接悬吊吊耳或悬吊悬挂梁的方式测量。以弹轴 X 轴为例介绍两种不同的质心测量方法。

1. 悬挂吊耳法

首先吊起制导炸弹的前吊耳，平衡后 X 轴与水平测量基准的夹角 α_a，再用后吊耳测量 X 轴与水平测量基准的夹角 α_b，计算两次悬吊线的交点求 X_0（见图 2－24），便可得到产品的质心。

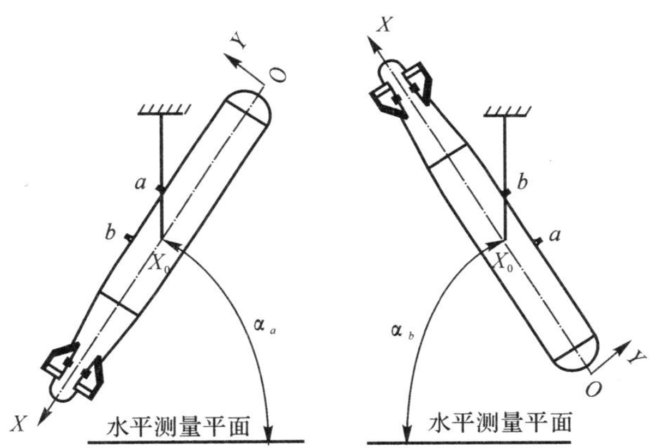

图 2－24　悬吊法（吊耳）测量 X 质心

其质心计算公式为

$$X_0 = \frac{X_b \tan\alpha_a + X_a \tan\alpha_b}{\tan\alpha_a + \tan\alpha_b} \tag{2-6}$$

式中　X_a——前吊耳孔在坐标系 X 的坐标如图 2－25 所示，单位：mm；

X_b——后吊耳孔在坐标系 X 的坐标如图 2－25 所示，单位：mm；

α_a——用前吊耳孔起吊产品与水平测量平面的夹角，单位：(°)；

α_b——用后吊耳孔起吊产品与水平测量平面的夹角，单位：(°)；

X_0—— 制导炸弹 X 向质心坐标，单位：mm；

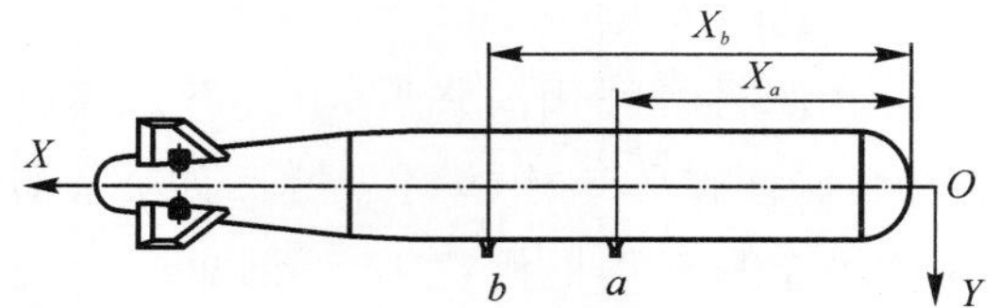

图 2-25　吊耳在坐标系中的 X 坐标

2. 悬挂吊梁法

对于导轨式挂架常采用悬挂吊梁法测量制导炸弹的质心。

首先将吊梁安装在制导炸弹上，借助吊梁上的吊孔 a 起吊产品，平衡后产品与水平测量平面成夹角 α_a，再用吊孔 b 重复上述过程测量 α_b，根据两次悬吊线 C_g 计算出产品及吊梁的组合体质心 X_g（见图 2-26），根据 X_g 和吊梁质心 X_l，可求出制导炸弹的质心 X_0。

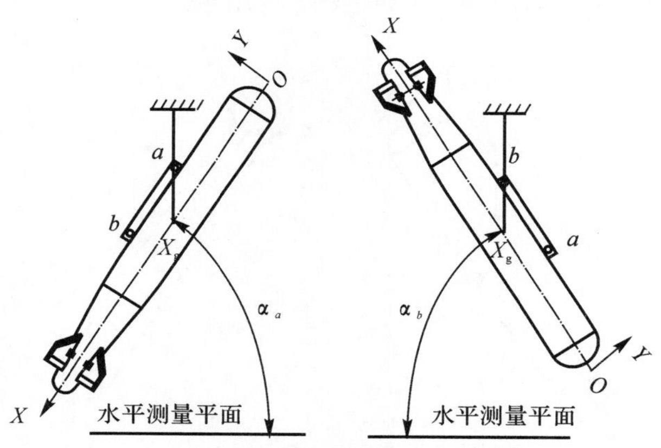

图 2-26　悬吊法（吊梁）测量 X 质心

其质心计算公式为

$$X_g = \frac{X_b \tan\alpha_a + X_a \tan\alpha_b}{\tan\alpha_a + \tan\alpha_b}$$

$$X_0 = \frac{(G + G_1) X_g - G_1 X_1}{G} \qquad (2-7)$$

式中　X_a—— 前吊耳孔在坐标系 X 的坐标如图 2-27 所示，单位：mm；

X_b—— 前吊耳孔在坐标系 X 的坐标如图 2-27 所示，单位：mm；

X_g—— 制导炸弹与吊梁组合 X 方向的质心坐标，单位：mm；

α_a—— 吊梁用前吊耳孔起吊产品与水平测量平面的夹角，单位：(°)；

α_b—— 吊梁用后吊耳孔起吊产品与水平测量平面的夹角，单位：(°)；

X_0—— 制导炸弹 X 向坐标，单位：mm；

G—— 制导炸弹重力，单位：N；

G_l—— 吊梁重力，单位：N；

X_l—— 吊梁 X 向的质心坐标，单位：mm；

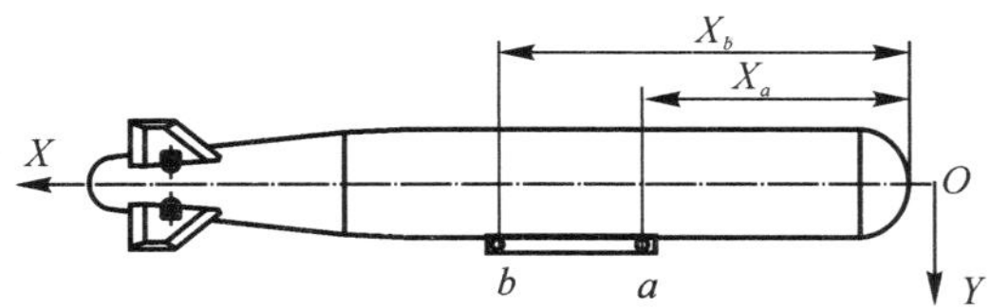

图 2-27　吊梁前后吊孔在坐标系中的 X 坐标

2.7.3.3　转动惯量测量与计算

制导炸弹的转动惯量为各部件本身的转动惯量与其对产品质心的转动惯量之和。转动惯量是弹体的重要结构参数，转动惯量仅与制导炸弹各零、部、组件的质量及质量分布有关，是制导炸弹绕轴转动时惯性的度量，其值越大，则转动的惯性也越大，直接影响制导炸弹的运动特性。常用的测量转动惯量方法主要有扭摆法、落体法、三线摆法和复摆法等。目前，高精度转动惯量测量方法多采用单纯的扭摆测量法，这也是制导炸弹常用的测量转动惯量的方法。

转动惯量计算之前，先对各零、部、组件进行简化，确定计算模型，求出各零、部、组件绕其自身质心的转动惯量，再对通过全弹质心的各轴求转动惯量，最后取各项之和。在质心定位基础上，进行转动惯量计算，其计算公式为

$$I_z = \sum I_i - mX_g^2 \tag{2-8}$$

式中　I_z—— 制导炸弹绕通过其质心 Z 轴的转动惯量；

I_i—— 制导炸弹内各弹上设备对理论顶点的转动惯量，其表达式为

$$I_i = I_{i0} + m_i X_i^2 \tag{2-9}$$

I_{i0}—— 弹上设备绕本身质心的转动惯量 I_Z；

X_i—— 弹上设备质心到理论顶点的 x 坐标；

m_i—— 弹上设备的质量；

X_g—— 制导炸弹的质心坐标。

相对于其他坐标轴(x,y)的转动惯量亦用相同的方法求得。

目前,工程中较为成熟的制导炸弹转动惯量测试系统,一般是由转动惯量测量平台、工控机、测量仪等组成的。测量软件实行人机交互界面,实时采集数据,数据显示直观,测量软件可自动采集、计算、显示,测量完成后,将测量结果生成测量报告。制导炸弹转动惯量是通过测量扭摆系统的自由摆动周期进行计算的,最基本的原理是转动惯量与振动周期二次方成正比,其大小与扭摆系统刚度有关。下面简要介绍其计算原理,扭摆模型如图2-28所示。

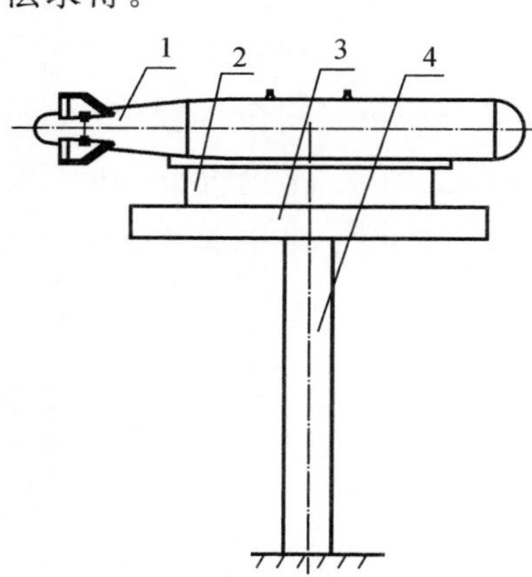

图 2-28　扭摆模型示意图

1— 某型制导炸弹; 2— 夹具; 3— 测量平台; 4— 扭杆

考虑黏性阻尼,有

$$T=\frac{2\pi}{\sqrt{1-\varepsilon^2}}\sqrt{\frac{I}{K}} \tag{2-10}$$

式中 I—— 制导炸弹对转轴的转动惯量;

K—— 扭杆刚度系数;

ε—— 系统黏性阻尼系数;

T—— 系统自由摆动周期。

制导炸弹系统的转动惯量为

$$I=\frac{K(1-\varepsilon^2)}{4\pi^2}\times T^2=K_{eq}T^2 \tag{2-11}$$

式中

$$K_{eq}=\frac{K(1-\varepsilon^2)}{4\pi^2}$$

设未装制导炸弹测试台的摆动周期为 T_0,安装制导炸弹后,测试台的摆动周期为 T_1,一般认为两种状态的系统黏性阻尼系数 ε 不变,则未装制导炸弹测试台的转动惯量 I_0,安装制导炸弹及测试台的转动惯量 I_1,其中

$$I_0=K_{eq}T_0^2$$

$$I_1=K_{eq}T_1^2$$

因此,制导炸弹的转动惯量 I_2 为

$$I_2 = I_1 - I_0$$

若制导炸弹的质心和测试台的转动中心不重合，设制导炸弹的质量为 M，测试台中心至制导炸弹质心的距离为 L，则制导炸弹对其质心的转动惯量 I_{2p} 为

$$I_{2p} = I_2 - MR^2 \tag{2-12}$$

采用扭摆法进行制导炸弹转动惯量的测量系统，其测量流程如下：

(1) 空载测量。在未安装被测制导炸弹测量前，先进行空载测量；

(2) 标准样件测量。在装卡标准样件之后先进行标准样件测量，主要是对转动惯量测量设备进行标定；

(3) 制导炸弹转动惯量测量。在装卡制导炸弹之后，先进行调整配重，根据质量质心测量结果，然后进行转动惯量的测量。

2.8　制导炸弹结构精度分配与计算

2.8.1　结构精度分配

制导炸弹结构外形图是表征制导炸弹外形和几何参数的图形，结构外形设计的结果应充分体现在气动外形图中。结构外形图的形成是一个从近似到精确至最终完成的过程，在初步确定制导炸弹的主要尺寸和参数后，画出制导炸弹的初步外形图，完成质心定位、气动计算、稳定性与操作性计算和吹风试验后，形成制导炸弹的准确的结构外形图。因此，制导炸弹结构外形图是论证阶段的主要成果之一，它是描述制导炸弹外形的基本依据，是绘制各部件理论图的基础，是结构设计的输入条件。

在制导炸弹的外形图中，应表示出制导炸弹的气动布局、质心位置、外形几何参数、尺寸精度指标等，标示组成制导炸弹外形的各部分相对位置，翼面、舵面的转轴位置等。图 2-29 所示为某型制导炸弹结构外形图。

由图 2-29 所示的某型制导炸弹结构外形图可知，战斗部、制导控制尾舱一般由数个舱段组成，且各舱段刚性不一，在各个舱段加工制造过程中，由于机械加工设备精度、焊接或铆接变形、加工变形、装配误差等诸因素作用，舱段的实际几何形状、尺寸等，不可能与设计要求完全相同。因此，需要对各个舱段和设计连接面进行精度指标分配，弹体精度指标分配的合理与否，直接影响产品性能、成本、进度等方面。

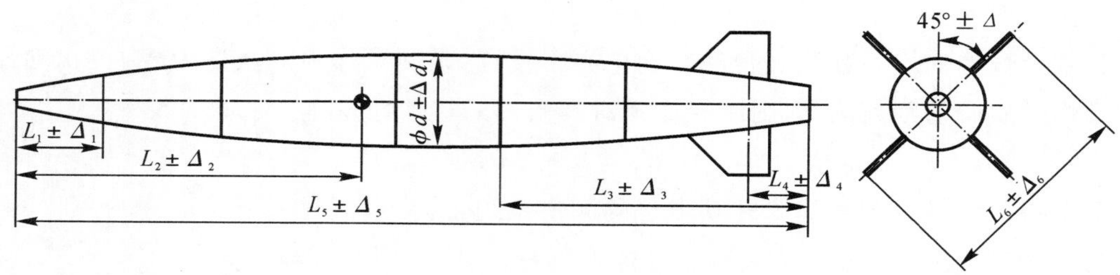

图 2-29　某型制导炸弹外形图

进行弹体结构精度分配，一般应遵循以下原则。

(1) 分析影响弹体结构精度的关键尺寸，必须保证尺寸和可适当放宽尺寸，应做到心中有数，不可一味追求所有尺寸高精度；

(2) 结构精度指标与弹体结构连接形式相适应；

(3) 结合本单位或外协单位的实际加工能力，根据加工难易程度，合理地制定加工精度；

(4) 结合检验设备性能，防止出现高精低检的现象。

2.8.2　弹体结构精度计算

弹体结构一般由舱段、翼面、舵面等组成，且尺寸较大，各舱段通常采用骨架蒙皮、整体铸造、复合材料等结构，在舱段制造过程中，由焊接或铆接引起的变形，热处理引起的变形，机械加工设备精度、刚度、振动、回弹变形等诸多因素作用，使舱段的实际几何形状、外形尺寸和接口结构的位置尺寸等，都不可能与设计要求完全相同。各舱段对接后，尺寸偏差和形位误差积累的结果，就构成了弹体的结构偏差，从而对制导炸弹地面使用和飞行产生不利影响，因此，必须予以控制。结构总体设计人员还需要进行必要的分析计算，并对有关舱段的结构偏差进行协调和分配。

舱段结构偏差项目角度主要包括舱段端面垂直度偏差，舱段对接端面定位孔位置度误差，舱段端面直径偏差，舵翼、弹翼的结构偏差，头舱、制导控制尾舱相对于战斗部的同轴度误差等内容。

2.8.2.1　舱段结构偏差及控制

舱段结构偏差项目较多，下面仅就其中对制导炸弹弹体结构偏差和性能有影响的一些项目进行简要的讨论。

1. 端面垂直度偏差

舱段前、后端面对其轴线的垂直度通常是不一样的，通常用 b 和 a 分别表示舱体端面对其轴线的垂直度，如图 2－30 所示。舱段端面垂直度主要影响弹体轴线的偏斜度，必须予以严格的控制。

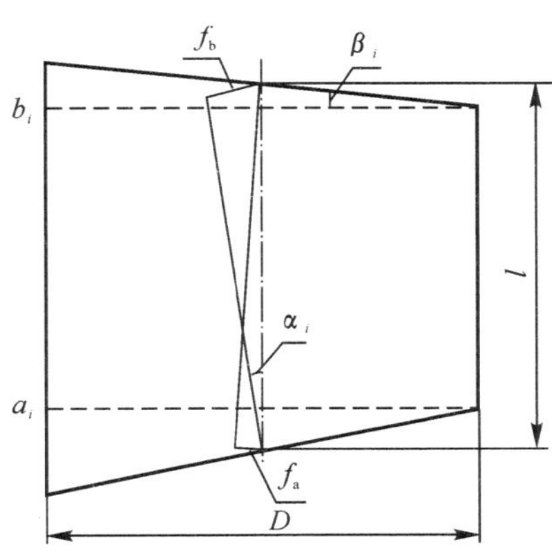

图 2－30　舱段端面与轴线垂直度偏差

有时，根据工厂加工和测量方法的需要，可以把此项偏差改为用舱段轴线对前、后框端面垂直度偏差来表示。根据国标 GB/T 1183—1980 的规定，直线对平面的垂直度用线形尺寸表示，根据图 2－30 所示的几何关系，则舱段轴线对前、后框面的垂直度偏差 f_a 和 f_b 与端面对轴线垂直度偏差 b 和 a 的关系可分别表示为

$$\left.\begin{aligned} f_a &= \frac{b \times l}{D} \\ f_b &= \frac{a \times l}{D} \end{aligned}\right\} \tag{2-13}$$

式中　D—— 弹体直径，单位：mm；

l—— 舱段长度，单位：mm。

2. 舱段对接面定位孔位置度

舱段对接时，通常依靠相临两舱段上的定位销孔用定位销进行定位，以保证舱段之间轴线不错移和相互间无方位扭转。因此，对舱段端面上定位孔位置偏差必须加以控制。

通常，端框上定位孔中心位置是以端框中心和象限线为基准的，孔的实际中心应位于直径为 t 圆中（见图 2－31），t 即为控制值。

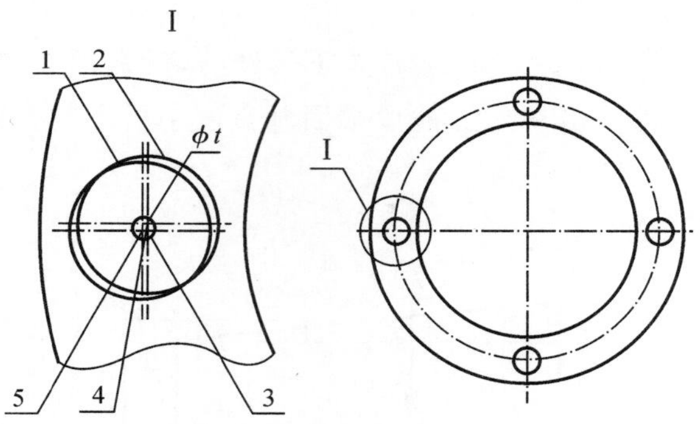

图 2-31　舱段对接面定位孔位置图

1—理论孔；　2—实际孔；　3—孔中心公差带；　4—实际孔中心；　5—理论孔中心

3.舱段端面直径偏差

限制这方面的偏差，主要是避免弹体各舱段对接面处出现逆差，即避免产生附加阻力或附加力矩。

通常，相邻舱段的前端框直径公差采取正偏差，而后端框直径采用负偏差为容许公差。

4.折弯偏差

若舱段间采用套接结构，径向螺钉与螺钉孔之间的间隙和套接的配合间隙也会造成折弯偏差。

2.8.2.2　弹体结构偏差计算

对弹体结构偏差需要进行设计计算的项目较多，本节主要介绍折弯偏差、错移偏差、扭转偏差的计算方法，其他类型的结构偏差计算或公差分配可参照进行。

1.折弯偏差

将相互连接的两舱段投影到某一平面上，其交角 $\Delta\Phi$ 称为两舱段在该平面内的折弯偏差(见图 2-32)。对于靠端面对接的舱段，造成折弯偏差的原因是舱段端面和它的基准轴线不垂直，由此而形成的折弯偏差 $\Delta\Phi$ 为

$$\Delta\Phi = \Phi_1 + \Phi_2$$

且

$$\left.\begin{aligned} \Phi_1 &= \frac{\Delta_1}{D} \\ \Phi_2 &= \frac{\Delta_2}{D} \end{aligned}\right\} \tag{2-14}$$

式中　Δ_1,Δ_2—— 分别为两结合面的最大跳动量，如图 2-33 所示。

D—— 舱段直径，单位：mm。

当舱段采用套接结构时，如果套接长度较短，连接所用的径向螺钉与螺钉孔之间的间隙为 Δ_3（见图 2-34），则由此形成的弯曲偏差为

$$\Delta\Phi = \Delta_3 / D$$

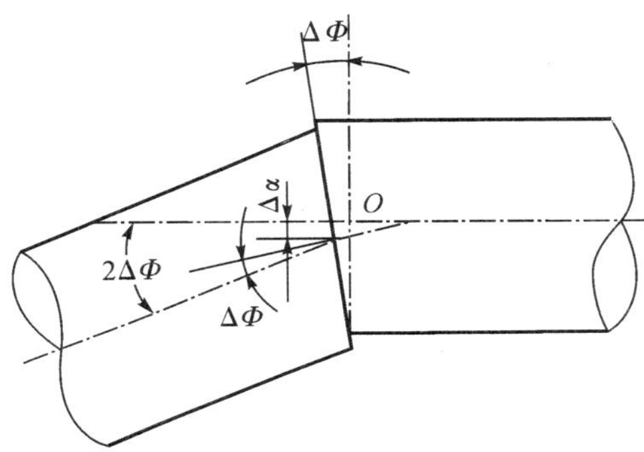

图 2-32　相临舱段的折弯偏差

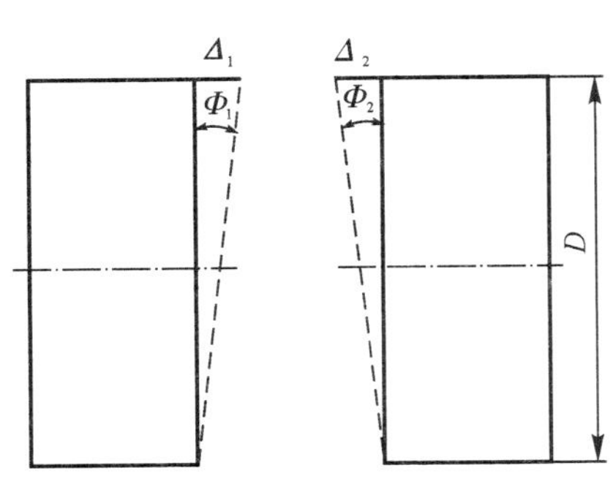

图 2-33　端面跳动引起的折弯偏差

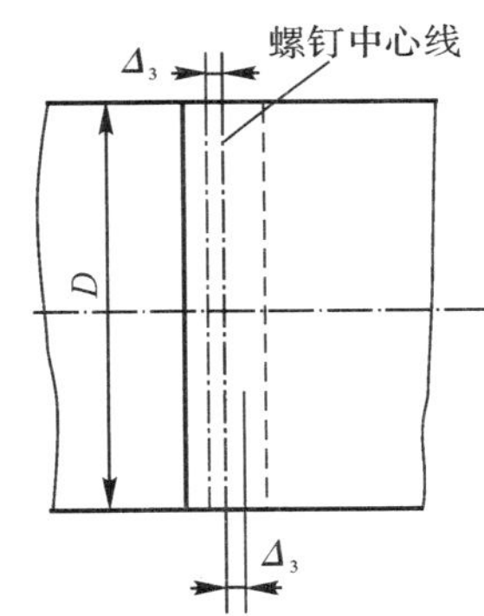

图 2-34　径向螺钉与螺钉孔间隙

由第 i 结合面的折弯偏差 $\Delta\varphi_i$ 在连接处形成的对基准面的偏移量 h_i 为

$$h_i = l_i \Delta\varphi_i$$

式中，l_i 为第 i 结合面至连接处的距离。

由各结合面折弯偏差引起的结合处计算点到同一基准面的总偏移量 H 为

$$H = \sqrt{\sum_{i=1}^{n} (l_i \Delta\varphi_i)^2} \tag{2-15}$$

图2-35表示有3个舱段结合面的情况下，结合处计算点至基准面，由折弯偏差引起的偏移量。

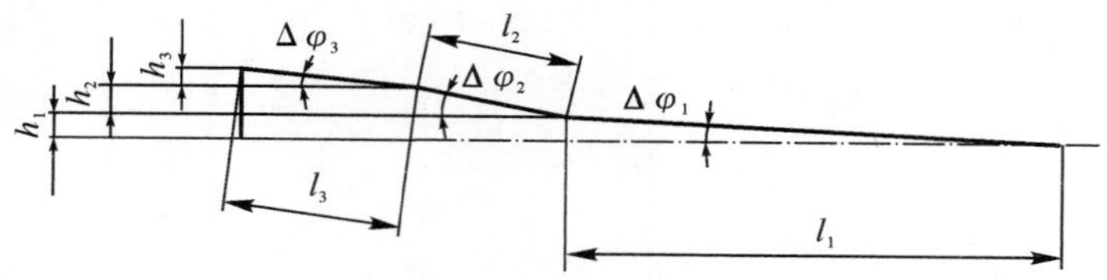

图 2-35　折弯偏差对头部偏差量的示意图

2. 错移偏差

相邻舱段的轴线在结合面上的错移量 $\Delta\alpha$ 称为错移偏差。显然错移偏差主要是由于结合面处，两舱段套接时的配合间隙或对接时的同心度误差所造成的。由于各结合面的错移偏差引起的结合面计算点至同一基准面的总错移量 A 为

$$A=\sqrt{\sum_{i=1}^{n}\Delta\alpha_i^2} \tag{2-16}$$

式中，n 为结合处计算点至基准面之间舱段的结合面总数。

图2-36所示有3个舱段结合面的情况下，头部顶点至结合面之间，由错移偏差引起的轴线偏移量。

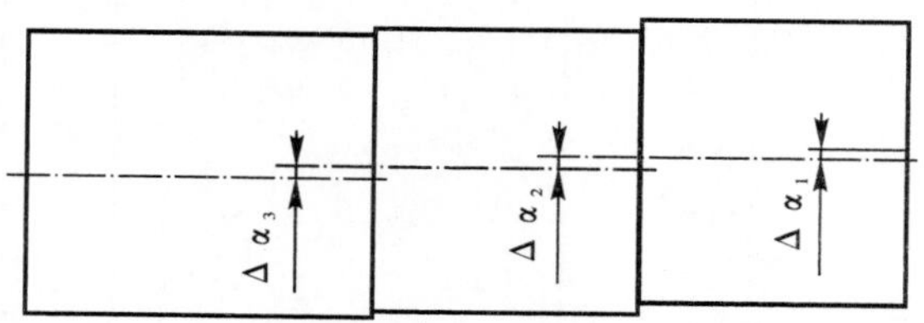

图 2-36　舱段外形尺寸与连接偏差

3. 扭转偏差

相邻舱段剖面基准线的相对扭角 $\Delta\psi$ 称为扭转偏差。制导炸弹弹体结构中相邻舱段常用的连接形式(见图 3-11) 舱段套接和图 3-14 所示舱段对接。以图 3-14 为例，造成相邻舱段扭转偏差的原因有：①“一面两销”的定位误差；② 测量点误差。

(1)“一面两销”扭转误差计算。当两孔的定位元件都选用定位销时，会出现定位孔内装不进定位销，弹体结构设计中常采用两种方法处理：方法一：将其中一个圆柱定位销设计成削边销；方法二：缩小其中一个圆柱定位销。目前，制导炸弹结构设计中采用“一面两销”的定位方式，常采用圆柱定位销和削边销方式。这里介绍下“一面两销”的扭转角度误

差计算。

由于定位孔和定位销作上下错位接触，造成两定位销连心线相对于两定位孔连心线发生偏转，从而产生最大扭转转角误差 $\Delta\theta$，扭转转角误差的计算如图 2-37 所示。

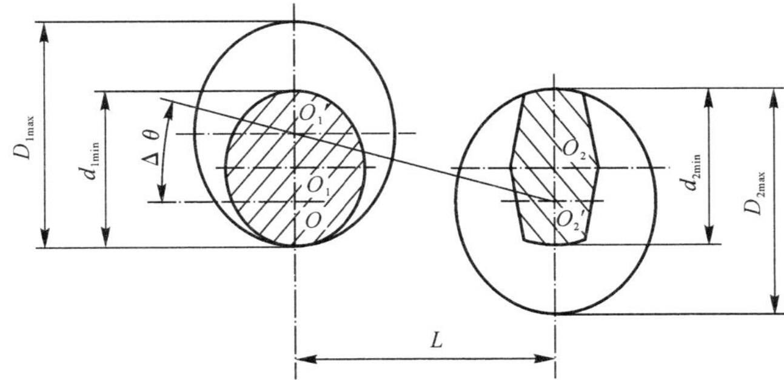

图 2-37　定位销与削边销扭转转角误差图

$$\tan\Delta\theta = \frac{O_1O'_1 + O_2O'_2}{L} \tag{2-17}$$

$$O_1O'_1 = \frac{\delta_{D1} + \delta_{d1} + X_{1\min}}{2}$$

$$O_2O'_2 = \frac{\delta_{D2} + \delta_{d2} + X_{2\min}}{2}$$

$$\Delta\theta = \arctan\frac{\delta_{D1} + \delta_{d1} + X_{1\min} + \delta_{D2} + \delta_{d2} + X_{2\min}}{2L}$$

式中　δ_{D1}, δ_{D2}—— 两定位销孔直径公差；

δ_{d1}, δ_{d2}—— 两定位销直径公差；

$X_{1\min}, X_{2\min}$—— 孔轴配合的最小间隙。

同理，定位销还可能向另一个方向偏转 $\Delta\theta$，转角误差是 $\pm\Delta\theta$。

(2) 由测量基准的误差造成的扭转偏差 α，如图 2-38 所示。C_1 和 C_2 两个剖面上各有两个测量点 T_1 和 T_2，由于装配夹具本身存在制造误差，致使测量点 T_1 和 T_2 之间会出现角度误差 $\Delta\alpha$。

故总的最大可能的相对扭转偏差为

$$\Delta\psi = \Delta\theta + \Delta\alpha$$

实际上按均方根法计算比较合理，故有

$$\Delta\psi = \sqrt{\Delta\theta^2 + \Delta\alpha^2}$$

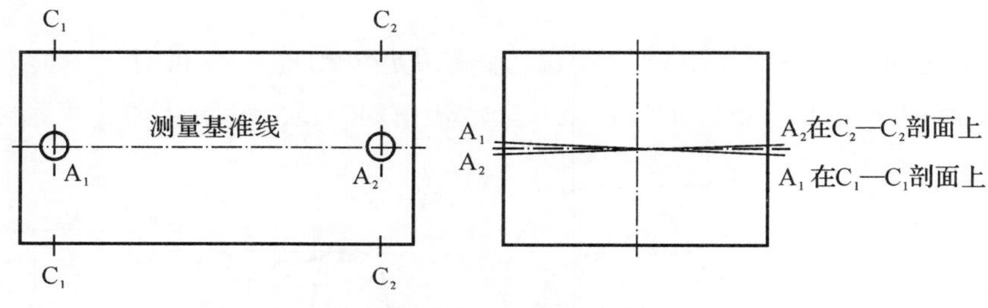

图 2-38　测量基准的误差

由于各结合面的扭转偏差引起的计算点至同一基准面的总偏差值 ψ 为

$$\psi=\sqrt{\sum_{i=1}^{n}\Delta\psi_i^2} \tag{2-18}$$

4. 总偏移量

弹体计算剖面轴线对基准剖面轴线的总偏移量。假设各舱段对接后，其轴线在同一平面内，轴线的倾斜方向是随机的；而且对接面为刚性平面，引起各舱段轴线偏斜的诸多因素为独立的随机变量。则所计算的剖面轴线对基准剖面轴线的总偏移量 h 为

$$h=\sqrt{H^2+A^2} \tag{2-19}$$

2.9　各种试验弹的结构总体设计思路

在制导炸弹的研制过程中，结构总体除了负责制导炸弹产品的结构总体方案设计，载机、挂架接口协调，弹上设备接口与安装协调等外，还有一项重要的工作是制导炸弹各种试验弹的策划与协调，主要包括刚度弹、程控弹、遥测弹、飞行训练弹、测试训练弹及勤务训练弹等几种。结构总体设计在满足每种试验弹性能的前提下，降低研制成本，同时设计思路也有区别。

1. 刚度弹

刚度弹的弹体结构、弹上设备及火工品可以用模拟件代替，但全弹的外形尺寸、机械接口、质量质心、转动惯量、弹翼翼展、舵翼翼展、舱段材料以及结构强度、刚度、模态等基本相同。刚度弹主要用于考核载机挂弹后对其飞行性能的影响以及用于静力强度试验等，在制导炸弹进行振动、冲击试验之前，往往首先使用刚度弹对试验设备进行调试。另外，制导炸弹中的展开机构、旋转机构(舵翼)等，在刚度弹的设计过程中应锁死，或采用模拟件代替相应的运动机构。

2. 程控弹

程控弹主要用来考核制导炸弹的气动特性和稳定性，考核弹体结构在飞行状态下的强度和刚度。引信、惯导组合体、舵机与舵机控制器等弹上设备通常是通过搭载程控弹试验考核其在真实状态下的工作性能。全弹的外形尺寸、机械接口、电气接口、质量质心、转动惯量、弹翼翼展、舵翼翼展、舱段材料以及结构强度、刚度、模态等与制导炸弹产品基本相同，其中导引头可采用模拟件。为了对程控弹的功能性能试验进行初步验证及保证飞行试验的顺利进行，对全弹开展静力试验、高温试验、低温试验、温度冲击试验、振动试验、冲击试验、模态试验、系统联合试验、半实物仿真试验及电磁兼容性试验等。为了更加接近挂机情况，程控弹振动、冲击试验结合弹架组合振动（冲击）试验进行。

3. 遥测弹

在制导炸弹研制过程中，利用遥测弹来全面考核制导炸弹工作状态是否满足设计要求。全弹的外形尺寸、机械接口、电气接口、质量质心、转动惯量、弹翼翼展、舵翼翼展、舱段材料以及结构强度、刚度、模态等与制导炸弹产品基本相同，弹体结构中战斗部舱可采用惰性战斗部或装填子弹药，一般要求战斗部不开舱抛撒子弹药，引信、火工品可用模拟件代替，其他弹上设备是真实的。在弹体结构中加装遥测设备、遥测天线及遥测电池（与载机协调是否安装），通过遥测弹对制导炸弹的工作情况进行分析、评估和鉴定。

4. 飞行训练弹

飞行训练弹用来训练飞行员进行空中模拟、捕获目标、模拟发射等操作。全弹的外形尺寸、机械接口、质量质心、转动惯量、弹翼翼展、舵翼翼展、舱段材料以及结构强度、刚度、模态等与制导炸弹产品基本相同，弹体结构可采用模拟件。其中任务机、惯导组合体、卫星接收机等为真实件，其他弹上设备、引信、火工品等采用模拟件。机械接口与制导炸弹产品完全相同，以满足外场地勤人员与飞机发射机进行顺利对接和挂机训练。同时电气接口也要和制导炸弹产品完全相同，飞行训练弹的工作电路必须根据可能发生的实际情况具备设置故障的功能，以配合飞行员进行制导炸弹发射的模拟训练。

5. 测试训练弹

测试训练弹主要是训练地勤人员对制导炸弹测试进行操作。全弹的外形尺寸、机械接口、电气接口、质量质心、弹翼翼展、舵翼翼展与产品基本相同。战斗部主要结构件，与测试性能相关的弹上设备为真实产品，可不做性能要求。进行平台与战斗部系统简化设计，取消与测试及维护训练无关的部件以及易损件，或用模拟件替代，降低制导炸弹测试训练弹成本。测试训练弹试验包括功能试验和环境试验：①功能性能试验包括常规检验和联试试验，其中常规检验包括外观检查、物理参数测量、电气接口检验、包装箱及成套性检验等;联试试验包括全弹检测试验、战斗部检测试验及战斗部勤务保障试验;②环境试验包括高、低温贮存,高、低温工作和转场运输等试验。

6.勤务训练弹

勤务训练弹主要是训练地勤人员对制导炸弹进行挂机训练、开箱与装箱等操作。全弹的外形尺寸、机械接口、质量质心、弹翼翼展、舵翼翼展与产品基本相同。弹体结构、弹上设备、引信、火工品等均可采用模拟件代替。勤务训练弹试验包括开箱与装箱试验、汽车运输振动试验、与运弹车挂单车协调性试验、挂机试验等。

第3章 制导炸弹结构设计

3.1 概 述

弹体结构是制导炸弹的载体，在尽可能低的结构质量下，设计出安全可靠的结构，是实现制导炸弹的先进使用性能和作战威力的基本前提和根本保障。制导炸弹弹体结构由几个或几十个甚至上百个零件结合在一起所构成，能承受指定的载荷，满足使用的刚度、强度和寿命等要求。弹体结构设计是根据结构总体设计提出的制导炸弹结构参数，结合结构设计的基本要求，提出合理的结构设计方案，绘制制导炸弹结构图纸及相应的技术文件，用以指导制导炸弹进行研制与生产。

实际上，结构设计始终贯穿在制导炸弹研制过程中，弹体结构设计的好坏直接影响制导炸弹技术性能和总体设计要求，优良的结构设计不仅可以提高制导炸弹的性能与工作可靠性，而且可以缩短制导炸弹的研制周期，降低研制费用。因此，弹体结构设计在制导炸弹设计中具有十分重要的地位，并且对制导炸弹研制工作及其设计技术的发展具有重要的推动作用。由于弹体结构分系统本身属于一个独立分系统，本章没对制导炸弹弹体结构进行详细的结构分析与设计，只对制导炸弹一些常用弹体结构进行简要介绍。

随着我国战略决策的转变，逐步从"陆地强国"向"海洋强国"迈进，制导炸弹上舰已迫在眉睫。根据未来作战模式及使用需求来看，制导炸弹适用于空海一体化作战，是其将来发展的一大趋势。然而陆基与海基(高温、高湿度、高盐分)的使用环境差异巨大，对制导炸弹的设计、贮存及使用要求更为苛刻，结构腐蚀则是其面临的首要问题，因此对制导炸弹结构防腐蚀设计提出了更高的要求。结构防腐蚀设计贯穿于整个制导炸弹结构设计中，在全弹结构总体设计的前期应将结构防腐蚀设计置于重要的地位，进行结构防腐蚀原因分析，确定防腐蚀类型，提高制导炸弹的质量，延长制导炸弹的使用寿命。由于防腐蚀设计在弹体结构中的地位越来越重要，本章对制导炸弹弹体结构常见的腐蚀类型、控制措施等进行简要介绍。

3.2 弹体结构设计的基本要求

制导炸弹弹体结构设计的一般原则是在满足弹体结构强度、刚度条件下，应使结构质量尽可能轻。然而结构设计不是孤立存在的，必须综合考虑结构总体布局、气动、工艺、工作环境要求、经济性等多方面的因素。弹体结构各部件功能不同，设计的技术要求也不尽相同，设计出满足制导炸弹总体要求的最佳弹体结构是每个结构设计师所追求的目标。

3.2.1 理论外形要求

理论外形与通过结构设计加工、装配而成的制导炸弹产品实际外形存在误差，要求这种误差越小越好。弹体结构应具有良好的气动特性，以便于保证制导炸弹具有良好的气动升力和阻力特性，具有良好的操纵性和稳定性。结构总体根据气动和控制分系统提出的全弹结构精度指标进行合理分配后，下发至结构分系统，结构设计师根据精度指标进行全弹结构详细设计，在弹体结构设计过程中应尽量减少实际外形与理论外形之间的误差，主要体现在以下几方面。

(1)全弹外形准确度要求：头舱、制导控制尾舱相对于弹身或战斗部的同轴度要求；弹身或战斗部中不同舱段的同轴度要求和舱段端面垂直度要求；全弹长度偏差要求等。

(2)弹翼相对于弹身或战斗部的安装要求：弹翼上反角、安装角要求；翼面实际外形与理论外形之间的偏差；对于伸展弹翼而言，还有展开角误差要求等。

(3)舵翼相对于制导控制尾舱的安装要求：舵翼上反角、安装角要求；舵面实际外形与理论外形之间的偏差。

(4)水平测量点布置位置及水平测量平面误差等要求。

结构设计完成后，需下图加工、装配成产品，对其进行全弹水平测量，看各部件是否满足结构总体提出的指标要求。

3.2.2 强度、刚度与可靠性要求

弹体结构的剖面尺寸，主要根据弹体所受载荷进行设计，以保证强度和刚度要求，同时保证弹体结构可靠性也是结构设计的基本要求。弹体结构设计一般采用如下措施进行控制。

(1)进行弹体结构可靠性设计时，将载荷、材料性能、尺寸、强度等都看成是某种分布规律的统计量，运用概率与数理统计方法，计算弹体结构可靠度，计算方法和提高弹体结

构可靠性的措施见第 6 章。

(2)准确而全面地进行全弹载荷计算、结构分析和强度计算。

(3)连接件与被连接件的刚度合理匹配原则,应避免应力集中,提高疲劳强度。

(4)合理地选择结构形式,正确设计受力传力路线,使传力路径最短。

(5)合理地设计断面形状和布置支承,提高刚度。

(6)合理地选择结构材料。

3.2.3　工艺性和经济性要求

良好的结构工艺性是提高制导炸弹产品质量、缩短生产周期、降低研制成本的前提,必须从结构设计一开始就予以重视。目前低成本是制导炸弹被采购的一项重要指标,降低生产成本越来越受到重视。通过国外对某型武器的研究表明,初步设计阶段决定了 70%的费用,设计试制结束决定了 95%的研制费用,因此,结构设计在经济性中占有决定性的作用。为了保证弹体结构工艺性和经济性一般应采取以下措施。

(1)结构设计合理,结构形式力求简单,易于加工,降低加工费用。

(2)采用整体结构形式,尽量采用铸造、复合材料、3D 打印、激光烧结等整体结构,减少装配夹具和装配工作量。

(3)提高标准化程度,弹体结构中蒙皮、检测窗口等的连接螺钉,尽量选用同一规格,提高装配效率。

(4)装配中正确采用补偿措施,改善装配性能,消除装配应力。如骨架蒙皮结构中,骨架与蒙皮的间隙采用工艺垫片(尽量不采用铜垫片)。

(5)尽量选用低成本、易于加工的材料。

(6)在满足结构总体提出的精度指标条件下,尽量合理确定零件尺寸精度、表面粗糙度、热处理状态、表面处理及配合精度。

3.2.4　工作环境要求

制导炸弹承受的环境条件较为恶劣,其环境条件包括高温、高湿、盐雾、低温、低气压、振动冲击、霉菌和电磁干扰等,将制导炸弹内部的弹上设备直接暴露在这些环境中,显然会降低制导炸弹的寿命,也不利于保证制导炸弹的使用可靠性和贮存可靠性。安排结构布局时,要考虑制导炸弹各个分系统弹上设备的特殊要求,使它们具有良好的工作环境,能够正常、可靠地工作。

(1)弹体密封设计。目前,制导炸弹弹体密封一般要求为水密,水密要求不透水,能防止外界水分、盐雾进入弹体内部，用于防护湿度、盐雾、霉菌、沙尘等。按接触面间的相对运动，分为静密封和动密封，接触面间的密封可采用密封件和密封胶。弹体上常用密封材料分为固体密封材料（硫化硅橡胶等）、液体密封材料（硅橡胶等）等，利用固体密封材料可以制成各种剖面的密封圈，如O形密封圈、矩形密封圈、V形密封圈、U形密封圈、T形密封圈或异形密封圈等。

(2)减振措施及合理的连接设计。制导炸弹在运输、挂飞及自主飞行过程中必然会受到持续的振动、冲击等力学环境的影响，一些较为敏感的弹上设备应采取减振措施，合理设计弹上设备与弹体的连接方式，减少结构间由于振动等因素引起的相互间的位移，避免出现结构件碰撞等问题，减少因振动、冲击等力学环境原因造成的结构破坏。

(3)电磁环境防护。制导炸弹中的惯性器件等弹上设备要求精度高，其承受电磁干扰能力差，故应采用屏蔽或隔离措施，保护其正常工作。尽量减少弹体表面窗口数量，减少弹体结构间的装配间隙，使弹体结构形成一个完整、连续的导电体，由于制导炸弹舱段装配间存在间隙或结构表面防护处理等原因，造成弹体结构不能形成一个完整、连续的导电体。目前，在制导炸弹结构设计中常采用搭接线方式解决该问题。

3.3 弹体结构

制导炸弹弹体结构按结构形式一般由头舱或导引头、弹身或战斗部、制导控制尾舱及弹翼组件（增程制导炸弹一般采用弹翼组件）等组成。各结构元件在弹体上所处的位置和作用不同，其结构也不尽相同。典型制导炸弹弹体结构如图3-1、图3-2所示。

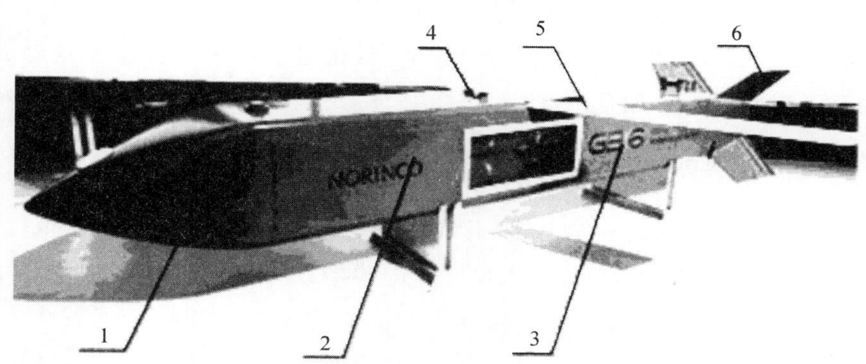

图3-1 某型制导炸弹(一)

1—头舱； 2—弹身或战斗部舱； 3—制导控制尾舱； 4—吊挂； 5—弹翼组件； 6—舵翼组件

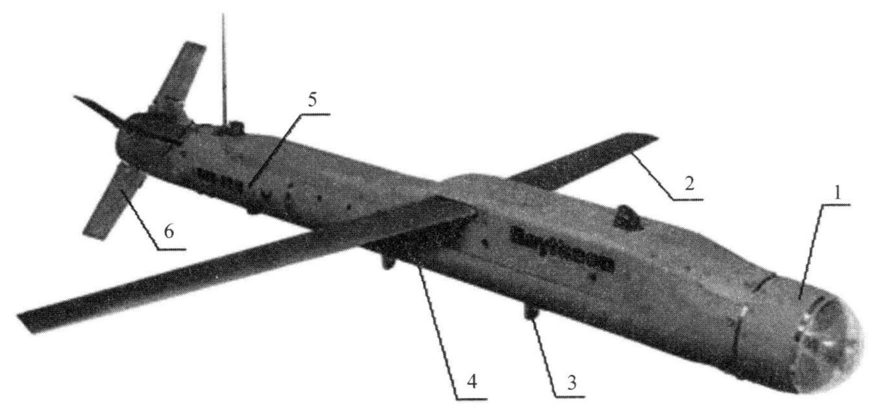

图 3-2　某型制导炸弹(二)

1—导引头；　2—弹翼组件；　3—吊耳；　4—弹身或战斗部舱；　5—制导控制尾舱；　6—舵翼组件

3.3.1　头舱

头舱作为制导炸弹的头部气动加热严重，会导致头舱产生热应力，特别是超声速飞行，会产生热冲击，使头舱体材料剥蚀(材料熔解、升华和脱落)。当制导炸弹在降水云层飞行时，潮气渗入弹体内部以及头舱结水会导致头舱的透波性能下降。因此，对头舱的设计应满足以下要求。

(1)具有良好的气动外形，气动阻力小，能减少气动加热，而且结构的热防护性好。

(2)有透波性能有要求的头舱，其透波性能应好，且波透过时的畸变尽可能小。

(3)具有足够的强度和刚度，有密封措施。

3.3.1.1　头舱外形

头舱外形的选择要综合考虑空气动力性能(主要考虑阻力)、结构、载荷、战斗部的类型与威力及制导控制性能要求。

从空气动力性能方面看，当头舱长度与弹身直径之比一定时，在不同马赫数(Ma)时，圆锥形头舱阻力最小，抛物线形头舱阻力次之，而半球形头舱阻力最大。

从满足设备安装的内腔容积方面来看，半球形头舱较好，抛物线形头舱次之，圆锥形头舱较差。

从满足制导控制系统要求的方面来看，半球形头舱比较适合红外导引头或电视导引头的工作要求，抛物线形及尖拱形头舱比较适合雷达导引头的工作要求，而前端带视场角的圆锥形头舱也适合激光导引头的工作要求。

从加工制造工艺方面来看，圆锥形头舱和半球形头舱加工工艺较好，抛物线形头舱加工工艺较差。

为此，头舱外形要根据具体使用指标要求，综合确定。同时应注意，头舱的尖点是不存在的，一般应给出一段相切的圆弧进行过度，圆弧的大小根据具体情况进行确定。

头舱外形通常有圆锥形、抛物线形、尖拱形及半球形等形式，其外形如图 3－3 所示。

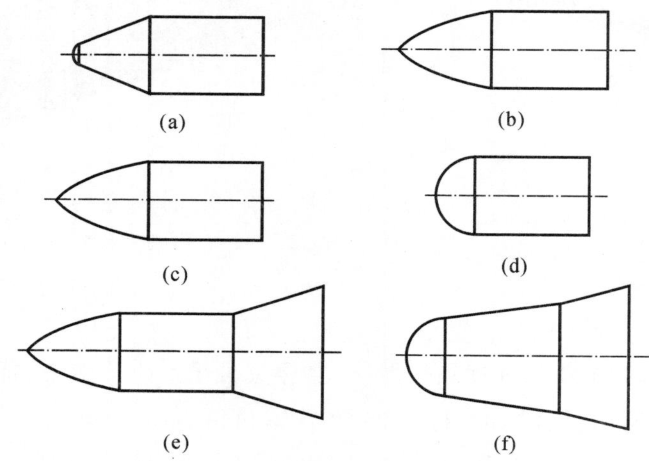

图 3－3　头舱结构外形示意图

(a)圆锥形；(b)抛物线形；(c)尖拱形；(d)半球形；
(e)球形加锥底的圆柱-圆锥体；(f)球形加锥底的圆锥体

为了避开激波阻力的作用，高速飞行的制导炸弹的头舱常设计成尖锥形或尖头卵形，截面形状通常为圆形或矩形。

3.3.1.2　头舱结构类型

头舱的结构类型首先取决于总体提出的气动要求，同时还必须兼顾强度、刚度和结构空间的安装要求。头舱常用结构类型主要为铸造铝合金结构、复合材料结构。一般根据头舱结构的复杂程度、质量指标、成本、使用性能等多方面综合考虑选用哪一种结构类型。

1. 铸造铝合金结构

近年来，随着对制导炸弹性能要求的提高，质量轻量化及低成本的要求等综合考虑，铸造铝合金结构在制导炸弹头舱、弹身及制导控制尾舱结构设计中广泛应用。为满足对舱体铸件的尺寸精度、表面粗糙度及指标性能的综合要求，在制导炸弹铸造舱体中常用石膏型熔模铸造和壳型熔模铸造两种。为了得到大型复杂薄壁、高精度、优良内部质量的铸造舱体，应从铸件结构优化、模具设计制造、蜡样和铸型制备工艺控制、浇冒系统、真空浇注、加压凝固以及热处理和变形控制等方面着手，从而保证铸造舱体质量。

2. 复合材料结构

复合材料舱体结构一般由复合材料蒙皮、前后金属隔框组成。该类结构质量轻、强度和刚度好、工艺性好、加工与可设计性好、空间利用率高，同时复合材料蒙皮既承受拉力又承受剪力。该结构在制导炸弹结构设计中是一种很有应用前景的结构形式。

3.3.2　弹身

3.3.2.1　弹身功能

弹身是制导炸弹弹体的重要组成部分。它的主要功能是用来装载战斗部、弹上机构、弹上设备，连接制导控制尾舱、弹翼等其他部件，并承受相应载荷。

根据内部装载的弹上设备不同，为设计、使用及工艺方面的便利，弹身常常设计成整体结构或分段连接舱段结构。为减小飞行阻力，弹身应具有良好的气动外形，弹身的剖面形状通常为圆形，为提高弹身对升力的贡献，也采用非圆截面（椭圆或矩形截面）的弹身。如图 3－1、图 3－2 所示为两种常见的制导炸弹弹身结构。

弹身设计时须遵守制导炸弹结构设计的基本要求。由于弹身占制导炸弹弹体结构质量的比例较大，设计时应注意减轻结构质量。解决的主要办法是设计合理的结构，充分利用弹身的空间。弹身内部装载的充满程度可用容积利用率 η 表示，有

$$\eta=\frac{V_{\infty}}{V_{\Phi}} \tag{3-1}$$

式中　η—— 舱段容积利用率；

V_{∞}—— 内部装载的体积；

V_{Φ}—— 舱段的容积。

容积利用率高，意味着内部装载安排紧凑，结构质量轻。

设计弹身舱段时，必须注意：舱体结构不应妨碍战斗部威力的发挥。

3.3.2.2　弹身结构形式

弹身常见的基本结构形式有骨架蒙皮式结构、整体式结构等。骨架蒙皮结构一般都是由纵（轴）向加强件（梁、桁条）、横向加强件（隔框）和蒙皮组成的。骨架蒙皮结构分为硬壳式和半硬壳式结构，弹身结构中常用的半硬壳式结构又分为桁条式、桁梁式、梁式等结构。

1.骨架蒙皮式结构

(1)硬壳式结构。这种结构的特点是没有纵向加强元件,整个舱段仅由蒙皮和隔框组成(见图3-4)。这种结构的构造简单,装配工作量少,气动外形好,容易保证舱段的密封,有效容积大;缺点是承受纵向集中力的能力较弱,不宜开设窗口,若必须开窗口,一般应在挖去蒙皮周边设计加强区域。硬壳式结构适用于直径较小的弹身,因为圆柱形蒙皮的临界应力随炸弹直径的加大而降低,弹径越大,材料的利用率越低,结构质量越大。

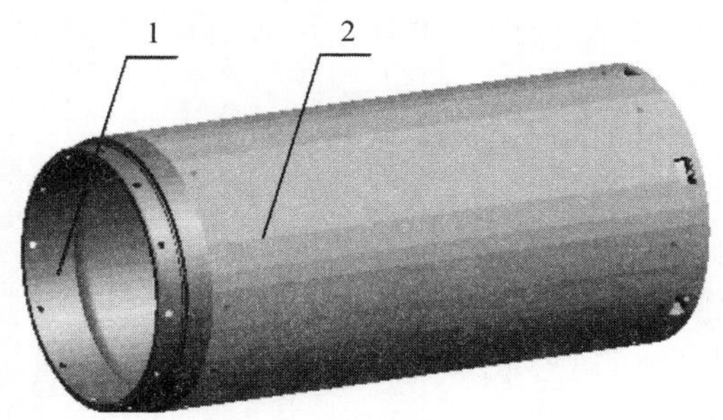

图3-4 硬壳式结构

1—接框; 2—蒙皮

(2)桁条式结构。其典型横剖面如图3-5所示。这种结构的桁条布置较密,能提高蒙皮的临界应力,从而使蒙皮除了能承受弹身的剪力和扭矩外还能与桁条一起承受弹身的轴向力和弯矩。与梁式结构相比,这种结构的材料大部分分布在弹身剖面的最大高度上,当结构质量相同时,该结构的弯曲和扭转刚度大。其缺点是舱体上不宜开大窗口,因为大窗口会切断较多的主要受力元件——桁条。为了弥补由于开设窗口引起强度的削弱,开口处需要加强,这要增加结构质量。另外,由于桁条剖面比梁剖面弱得多,不宜传递较大的纵向集中力。

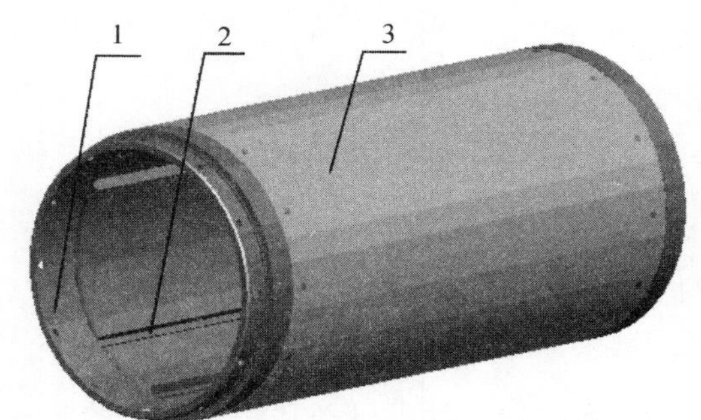

图3-5 桁条式结构

1—接框; 2—桁条; 3—蒙皮

(3)桁梁式结构。桁梁式结构是上述两种结构的折中结构,由较弱的梁(也称桁梁)和桁条、蒙皮、隔框组合而成,轴向力和弯矩主要由梁和桁条共同承受,蒙皮只承受剪力和扭矩。其特点是便于桁梁之间开设窗口,能充分发挥各构件的承载能力,结构质量较轻,适用于重型制导炸弹。桁梁式结构简图如图 3-6 所示。

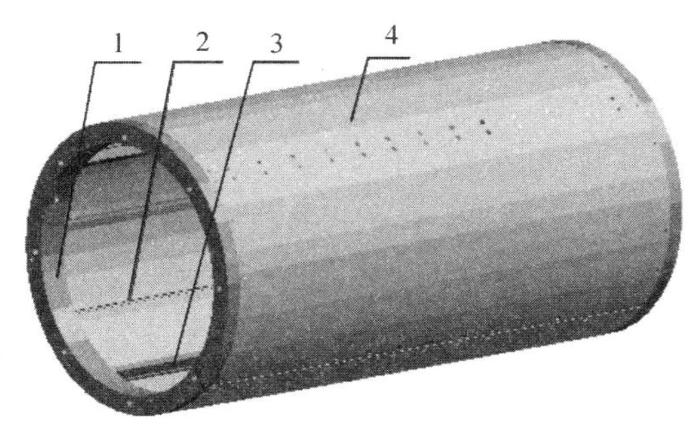

图 3-6　桁梁式结构

1—接框；　2—桁条；　3—桁梁；　4—蒙皮

(4)梁式结构。在梁式结构中,梁是主要承力件,承受轴向力和弯矩;蒙皮一般用于承受作用在弹身上的局部气动载荷、剪力和扭矩,因此,蒙皮厚度较薄。当舱段需承受较大的纵向集中力或局部开大窗口时,常采用此结构。梁式结构简图如图 3-7 所示。

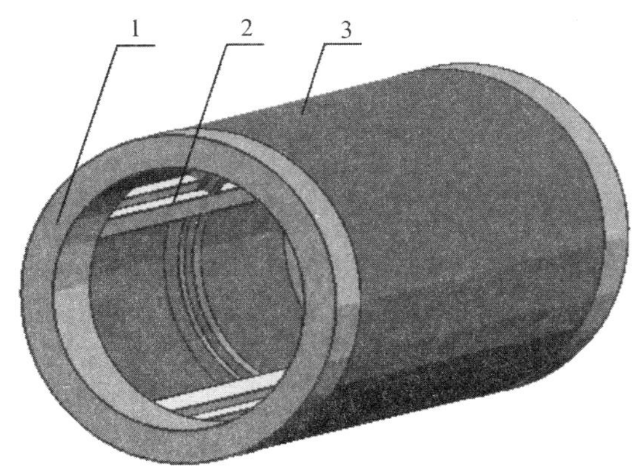

图 3-7　桁梁式结构

1—接框；　2—梁；　3—蒙皮

2.整体式结构

整体式结构是将蒙皮和骨架(梁、框、桁条)元件加工成一体的结构形式。这种结构形式除了具有半硬壳式结构的优点外,还具有强度和刚度好,结构整体性好,装配工作量少,外形质量高等优点。这种结构受到加工条件限制，主要用于直径不大的制导炸弹舱体。

整体结构舱段具体形式主要有机械加工结构、铸造结构、焊接结构、旋压壳体结构等。

随着兵器行业对轻量化的要求日益迫切，越来越多的制导炸弹舱体开始采用减重效果明显的大型薄壁铝合金铸件，某型舱体铸造结构如图 3-8 所示。

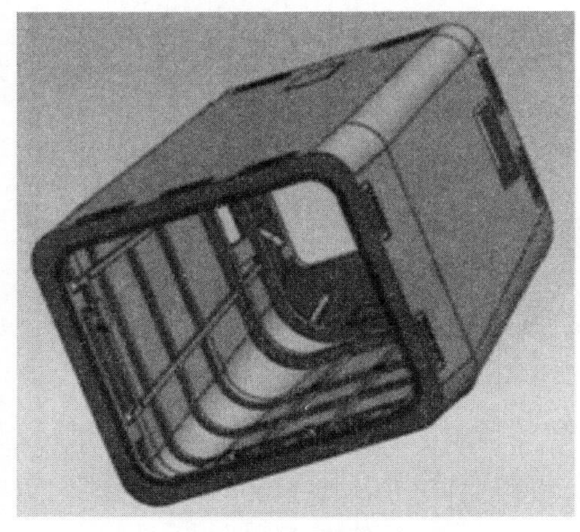

图 3-8　铸造舱体结构简图

3.3.3　制导控制尾舱

制导控制尾舱形状通常采用圆柱形、圆柱圆锥过渡形、抛物线形和全锥形等，其外形如图 3-9 所示。

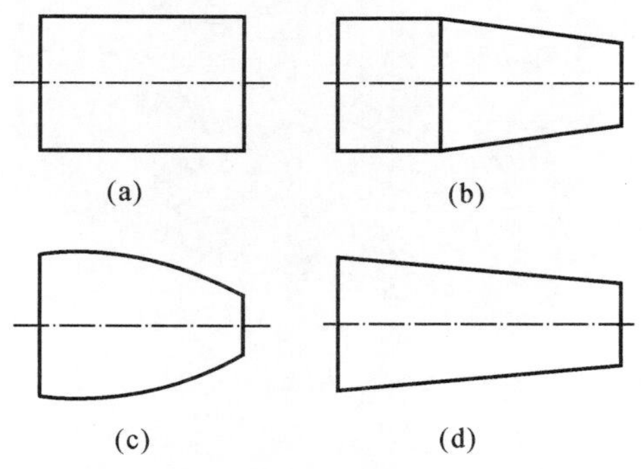

图 3-9　制导控制尾舱外形

(a)圆柱形；(b)圆柱圆锥过渡形；(c)抛物线形；(d)全锥形

制导控制尾舱外形选择主要考虑内部弹上设备的安装和阻力特性，在满足弹上设备安装的前提下，应尽量选用阻力小、易加工的结构形式。

制导控制尾舱用于承接弹身与舵翼，能减小尾阻，改善飞行稳定性。制导控制尾舱舱体结构一般采用整体铸造结构、复合材料及骨架蒙皮式结构等，与弹身结构类型基本一致，具体采用何种形式应根据质量、载荷、内部空间尺寸、加工能力、使用环境等条件综合考虑。

现在简要介绍一种全锥形制导控制尾舱，全锥形制导控制尾舱舱体的气动性能最佳，可增强制导炸弹飞行稳定性，减小尾阻。截锥形制导控制尾舱舱体的截锥形状与截头面积都和制导炸弹的气动性能相关。制导炸弹在亚声速飞行时的尾阻与超声速飞行时不同。在亚声速下，截锥后部在外部气流作用下形成负压（低于未扰动气流压力），产生涡流造成尾阻。这主要取决于尾部收缩率（制导控制尾舱舱体截头面积与制导炸弹最大横截面积之比）和锥角。制导炸弹的尾阻系数约与收缩率的 3/2 次方成正比；锥角通常为30°～45°，过大就会加剧气流的喷射作用，使尾阻增大。在超声速下，截锥后部气体压力不仅取决于气流带走气体的喷射作用，还取决于由冲击波造成的压缩作用所形成的尾部波阻。风洞实验证明，尾阻也取决于尾部收缩率和锥角，通常锥角只在 5°～10°之间。底部压力与弹身部位附面层流状态和飞行雷诺数有关，底部阻力系数随速度上升而下降。图3－10所示为某型制导炸弹制导控制尾舱结构示意图。

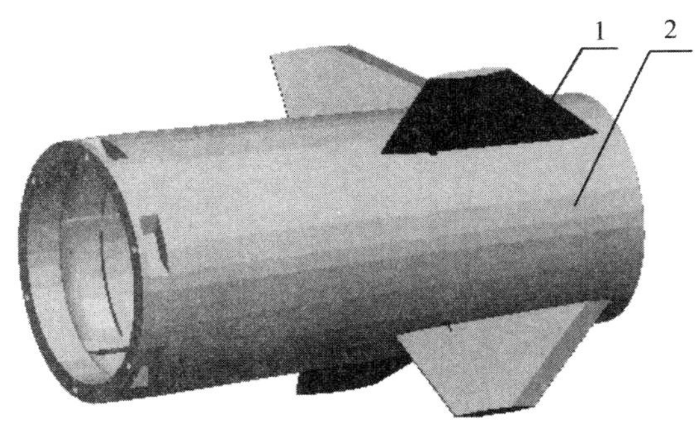

图 3－10　制导控制尾舱

1—舵翼；　2—尾舱舱体

3.3.4　结构材料

制导炸弹要求结构紧凑且质量轻，应根据制导炸弹的特点、结构功能、成本以及工艺性等因素来选择材料，同时选择材料也是制导炸弹结构总体设计的重要环节，通过制导炸弹使用状态下的应力、温度及寿命要求等主要因素正确选取材料，进而确定结构件的壁厚和质量，因此，材料优劣对于制导炸弹的性能至关重要。弹体所用材料的品种多，性能各异，按材料的性质可分为金属材料、非金属材料和复合材料。按材料在弹体结构中的作用，可分为结构材料和功能材料。结构材料主要用于承受载荷，保证结构强度和刚度。如舱体、接框或安装弹上设备的支承部位等，它们常常是一些性能较高的金属材料（合金钢、铝合金）。功能材料主要是指在密度、膨胀系数、导电、透无线电波、耐磨、绝热、防锈、耐腐、吸振、密封等方面有独特性能的材料，这些材料常常是非金属材料，如高温陶瓷、光学玻璃、橡胶、塑料、黏结剂和密封剂等。

3.3.4.1 材料的选用原则

选择材料要综合考虑各种因素，选用的主要原则是质量轻，有足够的强度、刚度和断裂韧性，具有良好的环境适应性、加工性和经济性。

（1）充分利用材料的机械及物理性能，使结构质量最轻。

为满足这一要求，对有强度要求的构件选用比强度大的材料，合金钢、镁合金和铝合金的比强度大致相当，而钛合金的比强度最大，基于价格和加工性能，通常不选用钛合金用于弹体结构的主体材料。

对非受力构件，由于它们的剖面尺寸一般由构造要求或工艺要求来决定，要减轻它们的质量则应选用密度小的材料，如铝合金、镁合金、复合材料、塑料等。采用铝合金材料应尽量去除无用质量；镁合金的密度更小，由于结构防腐蚀等原因，目前在弹体结构材料中较少采用。

（2）所选用材料应具有足够的环境适应性，也就是要求材料在规定的使用环境条件下具有保持正常的机械性能、物理性能、化学性能、高耐腐蚀及不易脆化的能力等。

（3）所选用材料应具有良好的工艺性能。材料的工艺性能包括成形性、切削性、焊接性、铸造性及锻造性能等。它体现对材料使用某种加工方法或过程获得合格产品的可能性或难易程度。因此，材料的工艺性能如何，会影响制导炸弹的生产周期和生产成本。

（4）选用的材料成本要低，来源充足，供货方便，立足于国内。尽量选用国家已制定标准、规格化的材料，同一产品中选用的材料品种不宜过多，应尽量避免采用稀有的昂贵材料。

（5）相容性设计。相互接触的不同非金属材料、金属与非金属材料间或不同金属材料间，应具有良好的相容性，不应产生有损伤材料物理、力学性能的化学反应，渗透、溶胀、电化学腐蚀、氢脆等。当不可避免时，应采取材料表面工艺、隔离等防护措施。

3.3.4.2 常用材料

1.黑色金属

在制导炸弹结构用材中，黑色金属占有较大的比例，起着很重要的作用。用得较多的材料是碳素结构钢、合金结构钢和不锈钢。

(1)碳素结构钢。在这一类钢中应用较多的牌号主要是Q235，45＃等，Q235主要用于设备支架、舱体普通框等，45＃则主要用于紧固件和定位销。

(2)合金结构钢。常用的牌号是40Cr，30CrMnSiA，35CrMnSiA，40CrNiMoA等，其中40Cr用于轴类零件；30CrMnSiA在制导炸弹结构钢中数量最大，用途最广，它主要用于舵机接头、紧固件、吊耳、定位销等。

(3)不锈钢。在此类钢中应用较为广泛的是05Cr17Ni4Cu4Nb和12Cr18Ni9，其中12Cr18Ni9主要用于紧固件、箍带或其他特殊部件。不锈钢具有耐腐蚀、抗氧化性、良好的可焊性等优点。

2.有色金属

有色金属材料品种繁多，具有许多优良的机械、物理和化学性能，是制导炸弹结构的主要材料，常用的材料为铝合金、镁合金等。

(1)铝合金。铝合金是目前制导炸弹结构材料中应用最为广泛的材料，其主要特点：①密度低，具有较高的比强度和比刚度；②工艺性能良好，易于机械加工、成形和铸造；③良好的导热性和导电性；④表面可自然形成氧化保护膜，抗腐蚀性能好；⑤价格低廉。铝合金种类繁多，根据生产工艺的不同，可分为变形铝合金、铸造铝合金等。

1)变形铝合金。此类铝合金具有良好的塑性变形能力，工艺性好，适宜于锻造、挤压、拉伸、切削等工艺。根据性能和用途，又可分为硬铝、防锈铝、锻铝、超硬铝和特殊铝五类，在制导炸弹结构材料中应用最多的是硬铝、防锈铝、锻铝。

a)硬铝：硬铝又称杜拉铝，由于此类铝合金时效后有较高的硬度和强度，故称硬铝。硬铝中应用最多的是2A12铝合金，常用来制造制导炸弹桁梁、加强框、窗口盖板、弹翼、舵翼、蒙皮及支架等结构件。

b)防锈铝：特点是抗腐蚀性能好，易于加工成形，可焊性能好并具有良好的低温性能，但它们不能热处理强化。应用较多的是5A06，3A12，主要用于骨架舱体结构的蒙皮、框体、弹翼、舵翼、支架等结构件。

c)锻铝：特点是具有良好的热塑性，主要用于生产锻件。应用较多的是2A50，2A14

等。2A14 力学性能优于 2A50，广泛用于舱体加强框、支架，作为板材还可以用于蒙皮。另外，2A14 具有较强的抗均匀腐蚀、抗电偶腐蚀、抗应力腐蚀、抗疲劳腐蚀能力等特点。因此，是制导炸弹结构中优选材料之一。

2)铸造铝合金。铸造铝合金的力学性能不如变形铝合金好，但其铸造性能好。它可以分为铝硅基、铝铜基、铝镁基和铝锌基四类。

a)铝硅系铸造铝合金：此类铝合金在制导炸弹结构材料中也得到广泛应用，因为它具有极好的流动性、高抗腐蚀能力和良好的加工性能，另外可浇注复杂型腔的零件。随着石膏性熔模铸造和熔模壳型精密铸造技术的发展，也可获得未经切削加工的光滑表面。代表性牌号有 ZL101，ZL101A，ZL102，…，ZL114A，其中最常用的是 ZL101A 和 ZL114A。目前，制导炸弹中薄壁铸造舱体常采用 ZL114A，ZL114A 也具有较强的抗均匀腐蚀、抗电偶腐蚀、抗应力腐蚀、抗疲劳腐蚀能力等特点。

b)铝铜系铸造铝合金：这类材料可以经过热处理强化，获得比其他类系铸造铝合金更高的力学性能。不足之处是铸造性能差，易受晶间腐蚀。代表性牌号有 ZL201，ZL201A，ZL202，ZL205 等。

c)铝镁系铸造铝合金：这类材料突出的特点是耐腐蚀性能好，具有较好的切削加工性能。缺点是铸造性能较差，因此使用上受到一定限制。代表性牌号有 ZL301，ZL303 等。

d)铝锌系铸造铝合金：这类材料经自然时效即可获得良好的机械性能。它有良好的尺寸稳定性、切削加工性能和耐腐蚀性能；缺点是铸造性能差。代表性牌号有 ZL401，ZL402 等。

(2)镁合金。镁合金的主要优点：①密度小，比铝合金低 1/3，其强度和弹性模量没有铝合金高，但仍有较高的比强度和比刚度。②减振性能好，可承受较大的冲击载荷。③有良好的导热性和导电性。④具有优良的可切削加工性、铸造和锻造性能。镁合金的缺点是屈服强度和弹性模量低。它在空气中形成的氧化膜很脆，不致密，不能起到保护作用。在湿热条件下、海水及 Cl^- 大量存在的溶液中易受腐蚀。因此镁合金零件在加工、使用、贮存期间要注意保护，表面应进行化学氧化处理，并涂漆。随着制导炸弹质量轻型化的要求越来越高，镁合金在制导炸弹结构材料的应用有广泛的前景。

3. 树脂基纤维复合材料

复合材料是由不同组分材料通过复合工艺组合而成的新型材料，它既能保留原组分材料的主要特色，又通过复合效应获得原组分所不具备的性能。树脂基纤维复合材料主要由高性能纤维和树脂构成，具有比强度高、比模量高、耐疲劳、耐振动、可设计性强等特点，作为承力结构件、结构功能件已广泛应用于航天航空、兵器等各领域。目前，航空弹药的头舱、弹翼、舵翼、舱体等零、部件基本采用了碳纤维为主导的先进复合材料制备，极大提高了武器系统效能。为了正确选择结构复合材料，需要对复合材料的性能有一个全面的认识，下面介绍复合材料的铺层设计的一般原则及优、缺点供设计者参考。

(1)树脂基纤维复合材料铺层设计的一般原则。

1)铺层设计原则。铺层设计应考虑保证结构能最有效、最直接地传递给定方向外载荷，提高承载能力、结构稳定性和抗冲击损伤能力。

Ⅰ.以受拉、压为主的构件，应以 0°铺层居多为宜；

Ⅱ.以受剪为主的构件，应以±45°铺层居多为宜；

Ⅲ.从稳定性和耐冲击观点，材料外表面宜选用±45°铺层；

Ⅳ.铺层方向应按强度、刚度要求确定，为满足层压力学性能要求，可以设计任意方向铺层，但为简化设计、分析与工艺，通常采用四个方向铺层，即 0°，±45°，90°铺层；

Ⅴ.从结构稳定性、减少泊松比和热应力及避免树脂直接受载考虑，建议一个构件中应同时包含 4 种铺层，如在 0°，±45°的层压板中必须有 6%～10%的 90°铺层。

2)工艺。铺层设计应避免固化过程中由于弯曲、拉伸、扭转等耦合效应引起的翘曲变形。

Ⅰ.避免使用同一方向的铺层组，如果使用，通常不得多于 4 层约 0.6 mm，避免使用 90°的铺层组；

Ⅱ.相邻铺层间夹角一般不大于 60°。

Ⅲ.防电腐蚀性设计。当设计直接与铝合金、合金钢连接结构的构件时，为防止金属材料的电腐蚀，应在碳纤维复合材料与铝、钢之间增加类似玻璃纤维复合材料的绝缘层；

Ⅳ.公差控制。当设计对公差有严格要求而难以由成形工艺直接获得其尺寸公差的构件时，控制公差部位的外表面应布置辅助铺层，通过机械加工方式，达到精确控制尺寸公差的目的。

(2)树脂基纤维复合材料的优点。

Ⅰ.轻质高强。树脂基纤维复合材料密度一般为 1.4～2.0 g/cm^3，树脂基纤维的密度，只有钢件的 1/4～1/5，比轻质铝金属轻 1/3 左右，而其强度和刚度可达到或超过碳钢的水平。

Ⅱ.抗疲劳性能好。疲劳破坏是材料在交变载荷作用下，由于裂纹的形成和扩展而造成的低应力破坏。复合材料在纤维方向受拉时的疲劳特性要比金属好。金属材料的疲劳破坏是由里向外经过渐变然后突然扩展的。复合材料的疲劳破坏总是从纤维或基体的薄弱环节开始,逐渐扩展到结合面上的。

Ⅲ.减振性能好。受力结构的自振频率除与形状有关外,还同结构材料的比模量二次方根成正比。

Ⅳ.可设计性好。复合材料不同于金属材料,具有材料与构件的同步性。设计者可通过改变树脂类型、树脂合量、纤维材料的品种、纤维铺层方向、单层厚度、铺层次序、层数、成型工艺等要素,实现材料的多元化性能。

Ⅴ.耐腐蚀性能好。常见的环氧基纤维复合材料一般都耐酸、弱碱、盐、有机溶剂、海水,并耐湿热。

Ⅵ.破损安全性好。复合材料的破坏不像传统材料那样突然发生,而是经过基体损伤、开裂、界面脱胶、纤维断裂等一系列过程。当复合材料构件超载并有少量纤维断裂时,载荷会通过基体的传递迅速重新分配到未破坏的纤维上去,这样,短期内不至于使整个结构或构件丧失承载能力。

Ⅶ.具有优异的电、磁、热性能。复合材料具有良好的透波、吸波、防中子辐射、耐烧蚀、隔热、耐热性能,如石英玻璃纤维结构复合材料就是很好的透波材料,酚醛树脂基复合材料能耐 3 000℃的烧蚀冲刷,高耐热复合材料可实现 400℃长期使用,复合材料导热系数只有0.4 W/(m·℃),这是普通金属材料都无法比拟的。

(3)树脂基纤维复合材料的缺点。与金属材料相比,尽管复合材料具有上述许多优点,但也存在不少缺点,主要表现在如下几方面。

Ⅰ.层间强度低。一般情况下,纤维增强复合材料的层间剪切强度和层间拉伸强度低于基体的剪切强度和拉伸强度。因此,在层间应力作用下很容易引起层合板分层破坏,从而导致复合材料结构的破坏,这是影响复合材料在某些结构物上使用的重要因素。

Ⅱ.韧性差。多数树脂基复合材料的纤维和基体均属于脆性材料,因此其脆性比金属材料相比要差得多,不能承受过大的载荷。

Ⅲ.材料性能分散性大。影响复合材料性能的因素很多,其中包括纤维和基体性能的高低及离散性大小,孔隙、裂纹和缺陷的多少,工艺流程和操作过程是否合理,固化工艺是否合适,生产环境和条件是否满足要求等。此外,与金属材料相比,复合材料的使用范围、使用数量、使用年限、检验方法及手段都短或欠缺,使得复合材料的性能不够稳定,分散性较大。

Ⅳ.加工性能较差。一般情况下,由于层间剪切强度低,复合材料在加工时容易出现分层现象;对于芳纶复合材料的加工目前还缺乏理想的加工手段。

Ⅴ.材料成本较贵。复合材料中的纤维材料价格较高，在制导炸弹结构材料中的应用受到适当的限制。

3.4　弹体结构的连接与密封

3.4.1　弹体结构的连接

弹体结构舱段间连接一般采用可拆卸的连接方式。目前制导炸弹弹体结构常用的舱段连接形式主要有套接、对接、螺纹连接等。

1. 套接连接形式

将相临两舱段的连接框加工出可套在一起的圆柱形内、外表面，然后把它们的配合面套在一起，沿圆周径向用螺钉固定，这种连接形式即为套接。舱段套接的配合面一般选7～10 级精度的配合，对于直径大、刚度差的舱体或隔框一般采用 9～10 级；直径小、刚度大的舱体或隔框一般选用 7～9 级。不管采用哪种装配精度，首要条件应满足结构总体精度指标。舱段套接时不能过紧，也不能过松，既要保证相邻舱段的同轴度，又要便于拆装。

制导炸弹舱段套接常用的结构，如图 3-11 套接结构一、图 3-12 套接结构二、图 3-13套接结构三所示。

套接结构的优点：在弹体外部安装连接件，操作性好；结构简单；连接部位结构质量小；螺钉数目多，传力分散，均匀。

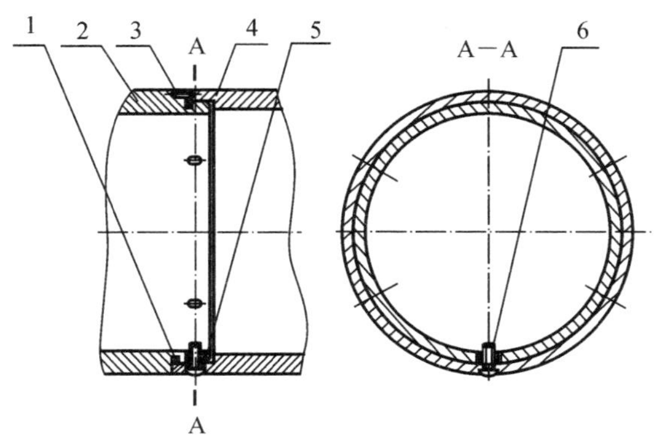

图 3-11　舱段套接结构一

1—密封圈；　2—舱体Ⅰ；　3—定位销；　4—舱体Ⅱ；　5—钢丝螺套；　6—螺钉

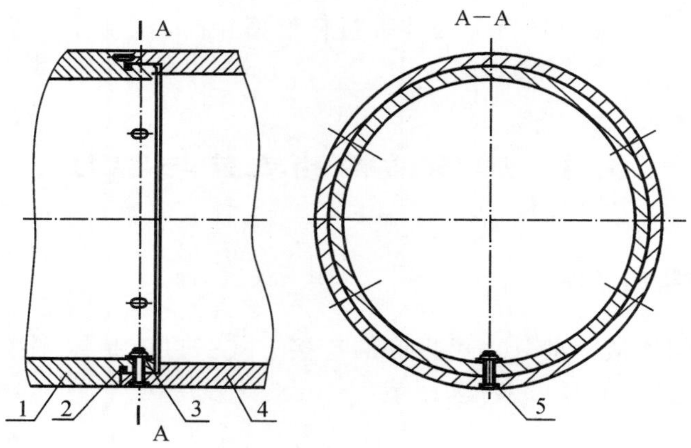

图 3－12　舱段套接结构二

1－舱体Ⅰ；　2－密封圈；　3－托盘螺母；　4－舱体Ⅱ；　5－螺钉

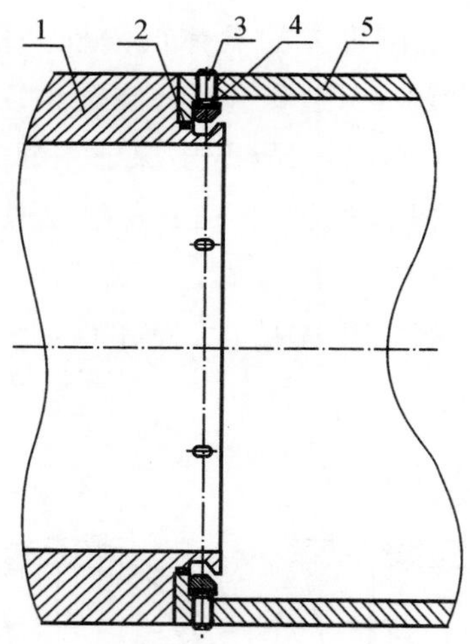

图 3－13　舱段套接结构三

1－舱体Ⅰ；　2－密封圈；　3－螺钉；　4－楔块；　5－舱体Ⅱ

套接结构的缺点：

1)对于大直径的薄壁舱段，由于其结构刚性差，加工变形量大，难以保证套接配合面的尺寸公差；

2)连接刚度低，使全弹横向自振频率下降；

3)密封效果不理想；

4)配合面加工精度要求高。

另外，这种结构形式的连接螺钉受到剪切力作用，受力状态欠佳，为了提高连接强度和刚度，连接螺钉数量必然较多，则安装协调性差，装配工作量大。因此，这种连接结构形式，适合弹体直径较小和对接面受力不大的弹体上采用。

2. 对接连接形式

(1)螺柱式轴向连接。两舱段连接框的端面贴合后，采用沿圆周分布，或与全弹轴线平行或不平行的螺栓连接固定称为对接。常用的对接连接形式包括螺柱式轴向连接、斜向盘式连接和卡块式连接等形式。对接结构常采用定位销保证连接精度、螺钉连接用于固定，对接结构如图 3-14 所示。

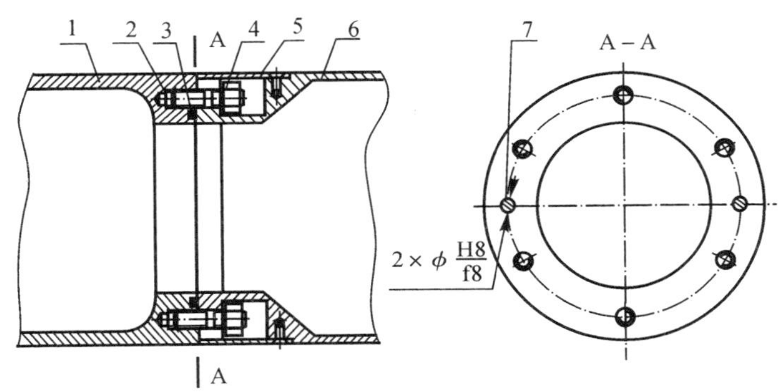

图 3-14　舱段对接结构

1—舱体Ⅰ；　2—螺栓；　3—密封圈；　4—螺母；　5—盖板；　6—舱体Ⅱ；　7—定位销

对接结构的优点：连接方便，拆装迅速，传力可靠，密封效果好。

对接结构的缺点：槽型框传力不佳，需要进行结构局部加强，因而结构质量比其他结构形式大，且加工较复杂，同时两定位销之间的距离精度要求高。

由于这种结构形式对接操作容易，因此在制导炸弹上应用比较广泛。

(2)斜向盘式连接。连接螺栓相对于弹身轴线有一定的倾角，该倾角一般在 15°～20°范围内。连接螺栓之所以要倾斜布置的目的是便于从舱体外面拧入螺栓，其结构如图 3-15所示。

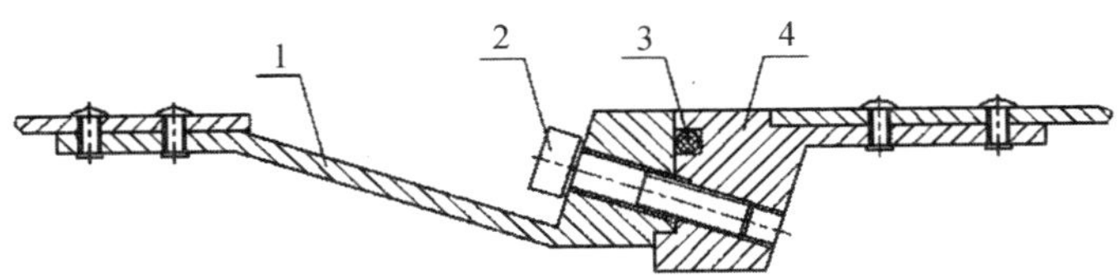

图 3-15　舱段斜向盘式连接结构

1—舱体Ⅰ；　2—螺栓；　3—密封圈；　4—舱体Ⅱ

斜向盘式连接的优点:在弹外进行连接,操作方便。

斜向盘式连接的缺点:对接框形状复杂。对接结合面的尺寸精度和斜孔位置精度等都有较高要求,因而加工难度较大。同时,斜向螺钉受力形式较差。除受轴向力外,还承受弯矩。因此,一般只在要求外部快速连接和拆卸,而承受的载荷不大的弹体结构上采用。

3. 螺纹连接

两个舱段连接处分别加工出内、外螺纹,直接用螺纹进行连接,用螺钉进行固定。由于螺纹连接不可避免地有间隙,要求螺纹连接同时保证折弯、错移和扭转 3 个偏差不超过允许值一般较为困难。

解决的办法是设置安定面,图 3-16(a)中有一段光滑配合面 a,用于控制错移偏差,定位面应在加工舱段表面时一次定位加工出来。这种连接形式不能保证扭转偏差的要求。如果对扭转偏差要求很严,则采用其他措施(见图 3-16(b)),用锁紧螺母的方法。这种连接形式是把带有内、外螺纹的两舱段拧到要求的相对位置,用锁紧螺母保证连接不超过允许的扭转偏差,紧固螺钉固定锁紧螺母。a 段加工面用来保证连接不超过允许的错移偏差,装配间隙应大于一个螺距。此形式不能保证折弯偏差,一般很少用于制导炸弹弹体结构连接设计中。

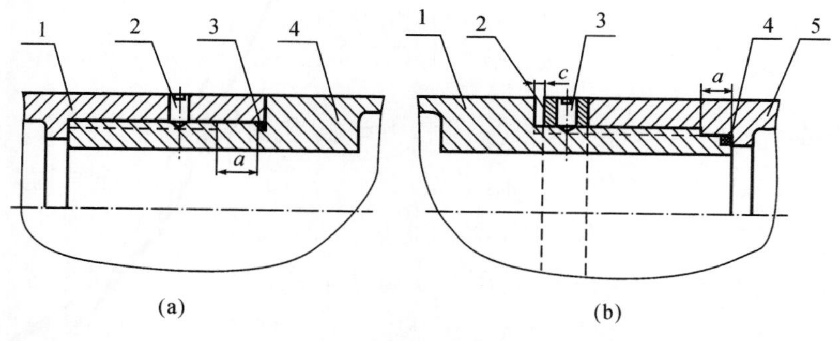

图 3-16　螺纹连接

(a)无锁紧螺母的螺纹连接;

1—舱段Ⅰ;　2—紧固螺钉;　3—密封圈;　4—舱段Ⅱ

(b)带有锁紧螺母的螺纹连接

1—舱段Ⅰ;　2—锁紧螺母;　3—紧固螺钉;　4—密封圈;　5—舱段Ⅱ

舱段连接是结构设计的关键,它给出制导炸弹在装配后所要求的几何形状;舱段之间的传力情况,在很大程度上决定着制导炸弹的技术性能和使用性能。

另外，由于结构总体确定了弹体结构的连接方案，结构设计者应根据载荷、弹上设备安装空间、弹体结构安装精度等指标进行舱体、连接框等零件的详细结构设计、定位销直径大小及配合精度、连接螺钉的位置分布与数量的确定等内容。

3.4.2　弹体结构密封

制导炸弹在使用及贮存过程中所处的环境条件往往很复杂，为保证弹内设备、电缆、接插件等处于良好的工作状态，须采取防潮、防腐蚀、防霉变的措施，常用的办法是将弹体密封，防止水分进入，有时为了保证某弹上设备的正常工作，舱内要保持一定的压力，前者称为水密；后者称为气密。

3.4.2.1　密封机理和分类

由于结构件的接触面之间不可能是完全吻合的理想接触面（理想平面或理想曲面），总是存在缝隙；弹体内腔圆柱壁也非理想致密，存在加工误差，介质分子可能穿透壁面。因此流体介质（气体或液体）在压差的作用下，可能通过这些缝隙而流至非预想的区域产生泄漏。

弹体的密封按密封性质来分可分为水密和气密。水密要求不透水，能防止弹体外部的水分进入内部，舱内具有一定的湿度；气密要求不透气，能防止弹体内外气体交换，在弹体结构设计中，一般往战斗部壳体中注药，需对战斗部壳体进行气密性检验，其他结构对此不做要求。

根据接触面之间是否有相对运动，密封分为静密封和动密封。静密封是指两个相对静止的零件的结合面之间的密封，如弹体舱段的密封主要为静密封。动密封是指两个相对运动的零件的结合面之间的密封，如舵机旋转机构、弹翼展开机构等采用动密封。在弹体结构设计中，静密封主要有垫片密封、O 形密封圈和胶密封三大类；动密封主要采用动密封圈、格莱圈等。

3.4.2.2　密封材料的要求与常用密封材料

对密封材料的要求随着使用部位的不同而不同，一般弹上密封要求材料应具有良好的物理和力学性能、回弹性高、压缩永久变形小、密封可靠、加工方便和耐老化、使用寿命长；有时还要求耐高低温、耐油、耐腐蚀、耐振动冲击等。

密封材料中应用最广泛的是橡胶材料。这是因为它们具有弹性好、寿命长、耐腐蚀性好、制造工艺简单、成本低等特点，广泛用于弹体上的各种舱口盖、舱段对接面、窗口、法兰等处的密封。常用的硫化硅密封材料主要有硅橡胶、乙丙橡胶等。

3.4.2.3 弹体结构密封类型

1. 铆缝的密封

气体或水分可以通过舱体表面的铆缝泄漏到舱体内的可能途径，主要是沿铆钉孔的缝隙和沿加强件之间的其他缝隙进入舱体内(见图 3-17)。密封的办法可用密封材料或其他方法将这些通路堵住。通常密封铆缝的方法有 3 种(见图 3-18)：缝外密封(用密封材料覆盖整个铆缝，见图 3-18(b)；缝内密封(密封胶或密封垫填充在各连接件的缝隙中，见图 3-18(c)(d))；混合密封(表面及缝内均加密封胶或密封垫，见图 3-18(a))。为了提高密封性，常用的是混合密封。密封铆接工艺过程复杂，一般只能保证水密。

2. 焊缝的密封

焊缝比铆缝的密封性好，但是焊缝缺陷会影响它的密封性。从强度的观点来看，允许焊缝处有少量小缺陷存在，但从密封性要求则是不允许的，因为这些少量的缺陷特别是裂纹和夹渣可能导致漏气、渗液。因此，为保证焊缝的密封性，应进行探伤，用补焊措施排除缺陷。

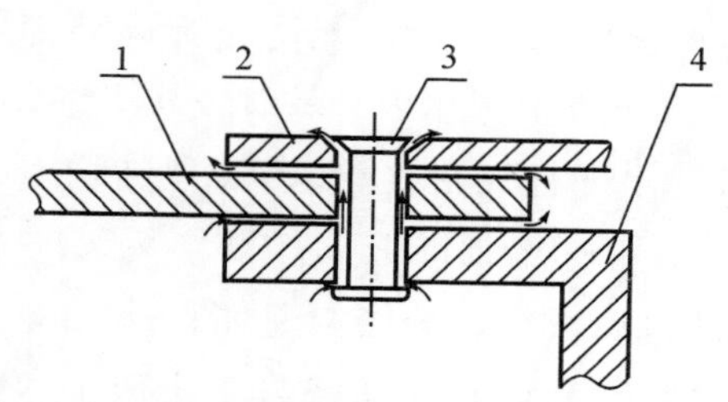

图 3-17 铆接渗水示意图

1,2—舱体； 3—铆钉； 4—加强筋

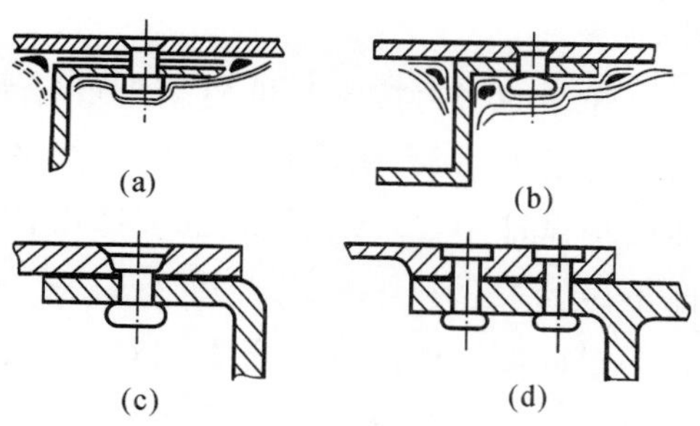

图 3-18 铆缝的密封方式

(a)混合密封； (b)缝外密封； (c)(d)缝内密封

3. 舱段连接处的密封

舱段连接处常用压紧密封垫或 O 形密封圈进行密封。采用密封垫的方式，一般在一个舱段的对接框上制出密封凹槽，粘上橡胶垫；另一个舱段的对接框上相应处加工出凸缘，对接后深深压入橡胶垫内即可达到密封的目的。凹槽要考虑到橡胶垫挤压后的变形，不然接框的端面就不能很好贴合，影响密封效果。采用 O 形密封圈进行密封，常见结构如图 3-11、图 3-14 所示，由于 O 形密封圈在制导炸弹弹体结构中大量应用，因此在这里着重说明 O 形密封圈的工作特性、材料选择、安装沟槽及使用注意事项。

(1)O 形密封圈工作特性。O 形密封圈用作静密封元件时，密封圈受到沟槽的预压缩作用，产生弹性变形，这一变形能就转变为对于接触面的初始压力，由此获得预密封效果。但应该引起注意的是，随着压力的增大，O 形密封圈的变形也随之增大，最后将密封圈的一部分挤出到与其接触的间隙中去。如果此间隙过大，那么在一定的静压力作用下，O 形密封圈就可能因挤出而破坏从而产生密封失效，因此，沟槽间隙尺寸的合理设计至关重要。

(2)材料选择。选用 O 形密封圈的材料时应注意如下事项：

Ⅰ.能抵抗介质的侵蚀作用(如腐蚀、溶胀、溶解等)；

Ⅱ.抗老化、耐盐雾、耐霉菌能力；

Ⅲ.具有良好的机械性能；

Ⅳ.具有良好的弹性。

(3)沟槽。O 形密封圈的压缩量与拉伸量是由密封沟槽的尺寸来保证的，O 形密封圈选定后，其压缩量、拉伸量及其工作状态就由沟槽决定，因此，沟槽对弹体结构的密封性和使用寿命的影响很大。

(4)O 形密封圈使用中应注意的问题。O 形密封圈在安装及使用过程的前后，会因种种不当而造成密封失效。因此，必须引起足够的重视。

Ⅰ.O 形密封圈的间隙挤压破坏；

Ⅱ.O 形密封圈扭转切断；

Ⅲ.O 形密封圈发生飞边；

Ⅳ.密封沟槽应适当润滑；

Ⅴ.O 形密封圈应保证适当的尺寸精度；

Ⅵ.O 形密封圈安装时应注意安装质量；

Ⅶ.O 形密封圈应在自由状态下存放，不应加压，以免压缩引起永久变形。

4.窗口盖板的密封

为便于设备的检测与维护，常在制导炸弹弹体上开设有检测窗口。对弹体窗口盖板处的密封通常是在弹体安装窗口盖板处安装密封垫，通过压紧窗口盖板来保证窗口的密封效果的。

3.4.2.4　弹体结构密封失效形式

弹体结构密封失效后，对其进行拆卸，可以发现最常见的失效是腐蚀，主要表现为以下几种形式：①表面腐蚀；②缝隙腐蚀；③电偶腐蚀；④应力腐蚀；⑤疲劳腐蚀；⑥点蚀；⑦晶间腐蚀。

3.5 弹上机构设计

内埋式制导炸弹是未来发展的趋势，由于飞机内挂空间有限，内埋式制导炸弹不允许占用更多的空间，而由于制导炸弹的弹翼或舵翼展长相对弹身直径通常较大，所以内挂的制导炸弹需采用折叠式弹翼或舵翼。

即便是对于外挂的制导炸弹，从减小气动阻力、适应载机高空高速飞行要求、减小挂载空间、提高载机挂载量、减小雷达反射面以及提高载机隐身性要求等方面考虑，采用折叠弹翼或舵翼也十分有必要。一般制导炸弹弹上机构主要包括弹翼折叠机构和舵翼折叠机构。

3.5.1 弹上机构设计要求

制导炸弹弹上机构具有结构复杂、工作环境恶劣等特点，另外，机构性能正常与否直接影响到制导炸弹命中精度，甚至是任务成败，因此，制导炸弹机构设计具有较高的要求。

(1)驱动力(力矩)。弹上机构运动过程需克服阻力(力矩)并产生所需要的加速度，由于机构组成零件较多，工作环境复杂，导致摩擦力(力矩)比较大且难以预估，因此，为保证弹上机构运动的可靠性，在设计中尽可能地采用较大的驱动力或力矩。一般把驱动力(力矩)作为弹上机构设计的基本指标。

(2)弹上机构的高可靠性。弹上机构运动是否可靠，直接关系到弹翼或舵翼是否能够正常工作，从而影响到炸弹任务成败，因此，在弹上机构设计过程中，必须同时开展可靠性设计和失效模式影响分析，有时需采用 FTA 方法对机构故障原因进行深入分析，根据分析结果确定Ⅰ、Ⅱ类故障模式及关键件，并给出相应的解决措施，保证机构设计的可靠性水平。

(3)展开到位后，定位准确，锁定机构能可靠地将弹翼或舵翼锁定在展开位置，并且锁定瞬间弹翼或舵翼不会有过大的振动，并能快速稳定。

3.5.2 弹上机构工作原理

制导炸弹在地面存贮及挂机飞行时，弹上机构通过约束锁紧弹翼或舵翼，制导炸弹投放后，弹上机构接收弹离机信号后，机构解锁，在驱动力(力矩)的作用下，翼面展开到位，到位锁紧机构对翼面进行可靠锁紧，防止翼面回弹，实现了翼面的展开与折叠。

3.5.3　弹上机构组成

弹翼或舵翼折叠机构一般由翼面、折叠机构和弹上电源三部分组成，折叠机构又由初始锁紧机构、展开驱动机构以及到位锁紧机构等三部分组成。

3.5.3.1　弹翼折叠机构

弹翼折叠机构主要是控制弹翼沿制导炸弹轴向折叠与展开，初始状态时，左右弹翼沿轴向收拢，通过保险机构锁紧，炸弹离机后，解除保险约束，在驱动机构作用下，弹翼沿制导炸弹侧向展开，展开到位后，通过锁紧机构将弹翼锁定在一固定位置。

因此，弹翼折叠机构一般由初始锁紧机构、展开驱动机构以及到位锁紧机构组成。

1. 初始锁紧机构

弹翼折叠机构一般通过剪切保险丝进行初始锁紧，保证制导炸弹在贮存、运输及挂机飞行过程中，弹翼不意外动作，制导炸弹投放后，在驱动力（力矩）作用下，保险丝被剪断，弹翼在驱动载荷作用下展开。

剪切保险丝材料及直径大小的选择，与驱动力（力矩）有直接的关系，保险丝直径过小，会被意外剪断；直径过大，需要的驱动载荷会偏大，在剪断保险丝的同时，会对机构相关零、部件产生较大的冲击。

2. 展开驱动机构

弹翼展开过程中的动力源主要可以通过压缩空气、燃气或弹簧等方式提供，通过活塞杆推动驱动块沿导轨运动，与驱动块相连的连杆带动弹翼绕弹翼轴转动，从而使弹翼向外侧转动而展开。弹翼的展开过程如图 3-19 所示。

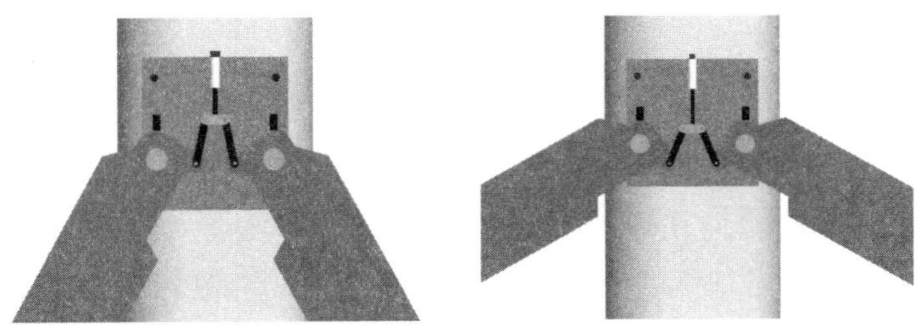

图 3-19　弹翼展开机构示意图

3. 到位锁紧机构

以弹簧驱动为例，如图 3-20 所示。弹翼未展开到位时，锁紧套内的弹簧处于压缩状态，为锁紧销提供向下的压力，使锁紧销抵在弹翼侧面。弹翼侧面开有锁紧销孔，弹翼展开到位时，锁紧销孔恰好转到锁紧销下方，弹簧将锁紧销压入锁紧销孔中，弹翼锁紧。

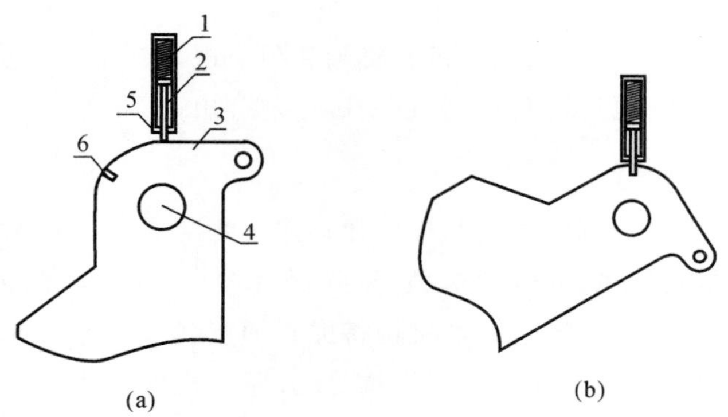

图 3-20　到位锁紧机构

(a)初始状态；(b)锁紧状态

1—弹簧；2—锁紧销；3—弹翼；4—弹翼转轴；5—锁紧套；6—锁紧销孔

3.5.3.2　舵翼折叠机构

制导炸弹结构中，舵翼与舵机相连，舵机控制舵翼转动以控制弹体的飞行姿态，与弹翼折叠机构相似，舵翼折叠机构一般由初始锁紧机构、展开驱动机构及到位锁紧机构组成。

1. 初始锁紧机构

初始锁紧机构的作用是保证制导炸弹发射前折叠舵翼处于折叠锁紧状态，发射后解锁。初始锁紧机构常采用箍带锁紧机构、机械锁紧机构及火工品锁紧机构等类型。

(1)箍带锁紧机构。制导炸弹在贮运发射前，舵翼收缩于翼根或弹体内，由箍带进行约束。

箍带约束一般常与抽脱式解锁机构一同使用。箍带采用钢板折弯成型，并采用抽脱销加保险丝将其连接，起到约束舵翼的作用，拉索一端与挂架相连。制导炸弹发射后，与弹体连接的抽脱式拉索带动抽托销剪断保险丝，解除边条翼约束。

箍带约束的优点是锁紧结构简单，便于加工装配，因拉索较长，设计时应考虑解除约束后，如何避免拉索缠绕问题。

(2)机械锁紧机构。常见的机械锁紧机构主要有锁紧销锁紧、爆炸螺栓锁紧等形式。

1)锁紧销锁紧。锁紧销锁紧原理如图 3-21 所示，主要有锁紧螺母、锁紧销、弹簧、舵翼座、舵翼等组成，舵翼收拢以后，锁紧销卡紧在舵翼尾端设置的缺口中，锁紧销的锁紧力通过弹簧的预压力提供。

锁紧销锁紧具有结构特点小巧的优点，保证舵翼可靠伸展。折叠结构可以与翼面分开制作，便于加工和装配。

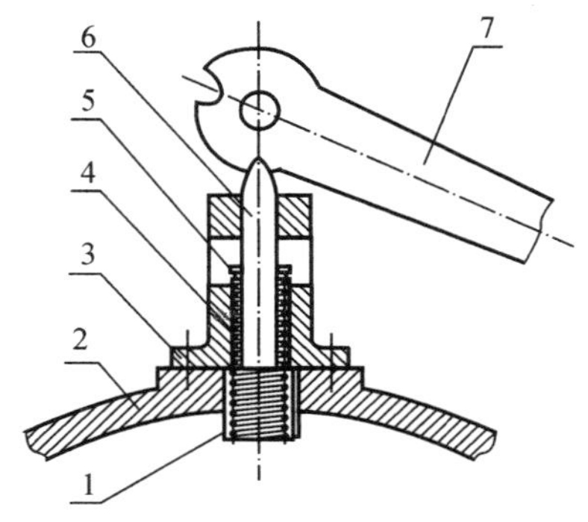

图3-21　锁紧销锁紧

1—锁紧螺母；　2—舱体；　3—舵翼座；　4—弹簧；　5—限位销；　6—锁紧销；　7—舵翼

2)爆炸螺栓锁紧机构。爆炸螺栓锁紧机构如图3-22所示，主要由舵翼及爆炸螺栓等组成，爆炸螺栓为火工品，舵翼收拢后，通过两个爆炸螺栓将舵翼锁紧，制导炸弹离机后，通过信号触发爆炸螺栓使其炸开，从而解除舵翼的锁紧。

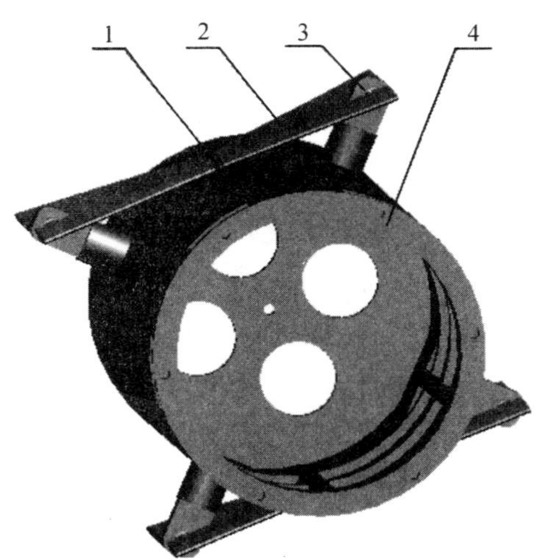

图3-22　爆炸螺栓锁紧

1—爆炸螺栓；　2—舵翼；　3—转轴；　4—舱体

爆炸螺栓锁紧机构具有锁紧及解锁可靠、占用空间尺寸小等优点。

2.展开驱动机构

展开驱动机构的作用是制导炸弹离机后，初始锁紧机构解除锁紧，在规定时间内，同时将四片舵翼伸展到位，且保证舵翼伸展到位时，冲击不能过大。翼面展开驱动机构的驱动形式很多，主要有扭簧驱动、燃气驱动等。

扭簧驱动机构主要由扭簧及舵翼等组成，结构简图如图 3-23 所示。舵翼收拢以后，扭簧会旋转一定的角度，从而贮存一定的弹性势能，在舵翼解除锁紧以后，舵翼在扭簧力的作用下展开到位。

扭簧的种类主要有平列双扭弹簧、外臂直扭弹簧以及直壁扭转弹簧等形式，根据不同结构形式选用不同的扭簧。

扭簧驱动的驱动力主要与扭簧的材料、中径以及扭簧直径有关，实际设计过程中，根据需要合理选用。

扭簧驱动的优点是结构简单，驱动可靠，但是在舵翼折叠机构尺寸空间较小时，扭簧力的设计会受到一定的限制。

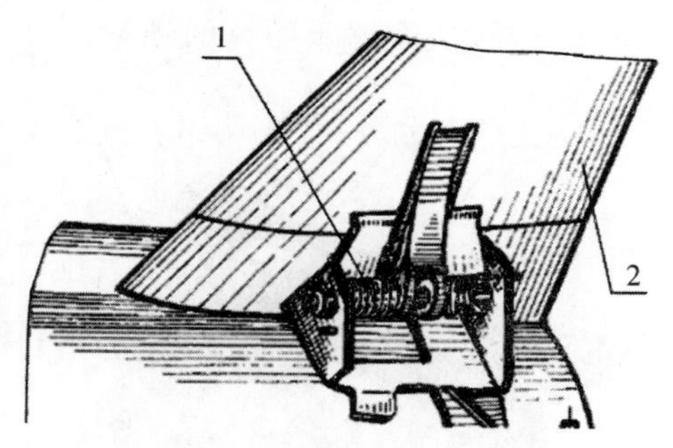

图 3-23　扭簧驱动

1—扭簧；　2—舵翼

3.到位锁紧机构

到位锁紧机构的作用是舵翼伸展到位后，将舵翼可靠地锁紧。舵翼锁紧后，翼面不得有晃动、回弹。到位锁紧机构形式很多，主要有片弹簧锁紧、锁紧销锁紧等。

(1)片弹簧锁紧。片弹簧锁紧机构主要由舵翼、滚珠及片弹簧等组成，结构简图如图 3-24所示。片弹簧通过螺钉固定在舵翼座上，滚珠放置在片弹簧与舵翼座之间，舵翼展开到位后，片弹簧将滚珠压紧在舵翼上的锁紧孔内。

片弹簧用金属薄板制成，利用板片的弯曲变形而起弹簧的作用。片弹簧主要用于载荷变化不大，要求片弹簧刚度较小的场合。片弹簧因用途各异而制成各种形状，按外形有直片和弯片等，按板片形状有长方形、梯形和阶梯形等。

由于片弹簧的刚度不高，因此，如何在有限的尺寸内，将片弹簧的刚度及簧力达到最优，是决定片弹簧锁紧方式在舵翼折叠到位锁紧机构应用的关键。

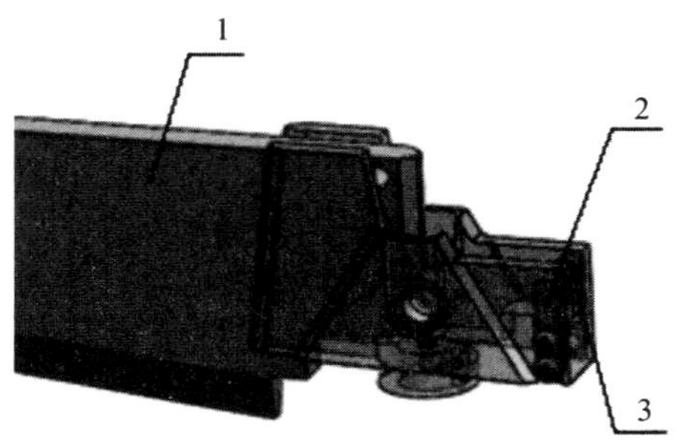

图 3-24　片弹簧锁紧

1—舵翼；　2—片弹簧；　3—滚珠

(2)锁紧销锁紧。美国的 SDB-Ⅰ 折叠舵翼锁紧机构采用了锁紧销锁紧，结构简图如图3-25所示，主要由舵翼、锁紧销等组成。锁紧销底部安装弹簧，舵翼即将展开到位时压缩锁紧销，锁紧销压缩弹簧，待舵翼展开到位后，锁紧销在弹簧力的作用下，深入舵翼锁紧销孔锁紧舵翼。

锁紧销锁紧具有结构简单、锁紧可靠、占用空间较小的特点。

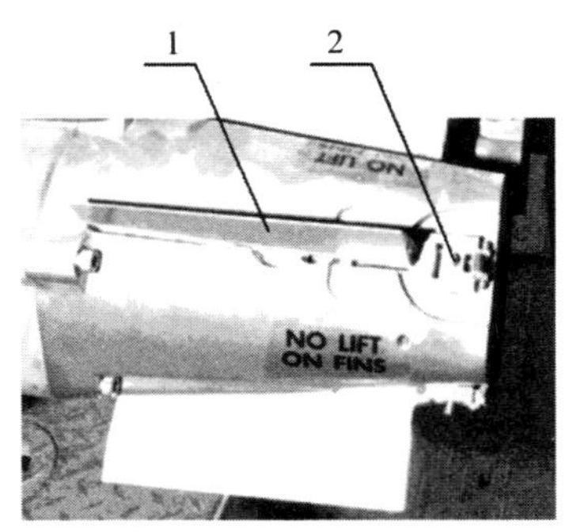

图 3-25　锁紧销锁紧

1—舵翼；　2—锁紧销

3.6 翼面结构设计

制导炸弹的翼面是指各种空气动力面、弹翼、尾翼、舵翼等，是制导炸弹弹体的重要组成部分。

弹翼的功能是产生升力，以支持制导炸弹在飞行中的重力；尾翼用以保证制导炸弹的纵向飞行稳定性；舵翼用来产生附加空气动力，形成对制导炸弹的控制力和力矩，使制导炸弹获得稳定性的可动的升力面。

由于制导炸弹在飞行过程中，弹翼受到的气动载荷较大，所以受力也较为典型。下面以弹翼为例，简要介绍弹翼的设计思路，弹翼厚度相对较薄，因此弹翼材料的选取及成型方式，在保证弹翼的强度、刚度问题和颤振、发散等稳定性问题方面起到关键作用。

弹翼材料一般采用铝合金、合金钢、复合材料等。所选材料应具有足够的环境稳定性，即要求材料在规定的使用环境条件下保持正常的机械、物理、化学性能。一般亚声速滑翔飞行的制导炸弹弹翼常用的金属及非金属材料，不必考虑气动加热的温度影响。超声速滑翔飞行的制导炸弹则必须考虑气动加热对材料的影响。此外，材料应有足够的断裂韧性，一般情况下还应具有良好的加工性，成本低，来源充足，供应方便等特点。下面介绍弹翼的主要结构方式和复合材料铺层设计的一般准则。

在制导炸弹弹翼结构设计中常采用以下两种结构形式。

1.骨架蒙皮结构

骨架蒙皮结构其材料沿四周分布，具有强度高、刚度大、质量轻、装配工艺复杂、装配精度要求高等特点，目前，该结构主要用于大型弹翼的制导炸弹上。该结构弹翼常由弹翼接头、蒙皮、桁条、翼肋、翼梁、纵墙(前墙、后墙)及连接件等组成的，如图 3－26 所示。

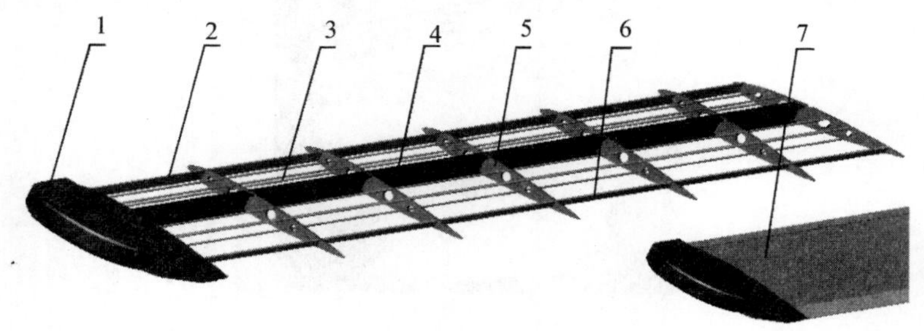

图 3－26 蒙皮骨架式弹翼

1—弹翼接头； 2—前墙； 3—桁条； 4—翼梁； 5—翼肋； 6—后墙； 7—蒙皮

翼梁沿翼面最大厚度线布置，这种布置能使梁具有最大的剖面高度，且沿翼展展向直线变化，对强度和刚度均有利。该弹翼的翼肋顺气流方向排列，翼肋的间距影响屏格蒙皮的横向变形，普通翼肋的间距为 250～300 mm。翼面根部为传递集中载荷的弹翼接头。

翼面各元件的功用如下：

弹翼接头：主要受力元件，负责将弹翼载荷传递到弹身上。

蒙皮：形成流线型的气动外形，承受屏格蒙皮上的局部气动载荷和承受翼面的扭矩。

桁条：支撑蒙皮，承受和传递蒙皮传来的横向载荷。

翼肋：形成和维持翼面的翼型，与拓条一起支持蒙皮；承受和传递蒙皮、衍条传来的载荷。加强翼肋除起维形作用外，主要用以承受和扩散翼面中的横向集中载荷。

翼梁：梁式翼面的主要受力元件。蒙皮、桁条和翼肋所承受的载荷最后都要传给翼梁。因而，翼面上的全部弯矩、大部分剪力和由扭矩引起的切向力都是通过翼梁传给弹身的。

纵墙：结构与梁相似，只是它的凸缘远比翼梁弱。它与翼梁一起承受和传递翼面的剪力和由扭矩产生的切向力。

连接件：对装配式结构，所有结构元件都通过连接件（如铆钉、螺栓或螺钉等）连接成一体，从而能承受作用在弹翼上的载荷。

2. 整体结构

骨架蒙皮结构由于零件多、装配工艺复杂、外形尺寸精度高、存在装配应力等问题，其应用受到限制。整体结构通常采用铝合金部件或者金属材料与复合材料黏结装配而成，整体式铝合金弹翼结构如图 3-27 所示。整体结构弹翼的特点：蒙皮与骨架合为一体，连接零件少，易实现变截面结构，强度、刚度好，承载能力强，气动外形较好，结构简单，材料单一，装配工作量小，生产率高，成本低。当前出现了整体结构取代骨架蒙皮结构的趋势。

图 3-27　整体式弹翼

现在重点介绍复合材料整体式弹翼。

(1)单块式结构。该结构形式多样,主要由金属接头、外蒙皮、肋和梁构成。其中蒙皮主要受面内载荷,铺层情况由面内载荷决定,一般采用 $\pi/4$ 层合板。弯矩引起的轴向载荷由筋条、梁缘条和蒙皮组成的壁板承受,因此筋条与缘条以 0°铺层为主。梁腹板可由所受剪力确定±45°铺层数,再由泊松比或屈曲等其他要求确定 0°,90°铺层数。各元件之间可采用二次胶接或共固化方式装配。

(2)多墙(多梁)式结构。因多墙(多梁)式结构形式能提供上、下蒙皮间较大的形心间距和较大的弯曲、扭转刚度而得到广泛应用,这种结构形式蒙皮较厚,有多个墙(或梁)。复合材料多梁式结构的优点是,可将其设计成一侧蒙皮(通常是下翼面蒙皮)与全高度复合材料梁(或墙)共固化成整体件,再把上蒙皮用高锁紧螺栓将它们装配在一起。对于小型航空炸弹的弹翼,在采用夹层蒙皮时,可以采用只布置梁肋的梁式结构,没有长桁或筋条。

(3)复合材料厚蒙皮壁板整体结构和实心结。此类结构通常是在小型翼面或相对厚度较小的翼面下采用的,例如树脂基碳纤维复合材料作外层,玻璃钢作内部芯子的混合实心结构(见图 3-28)。

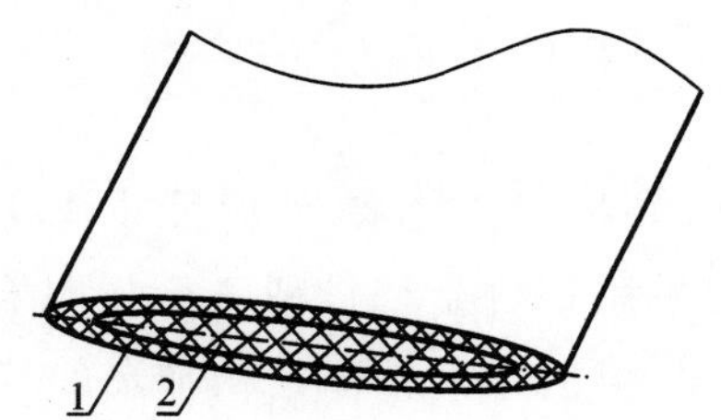

图 3-28 混合复合材料实心板弹翼剖面结构

1—碳纤维; 2—骨架

上述各种弹翼结构中,蒙皮、梁(或墙)、肋等复合材料结构元件可以用实心层合结构,也可采用各种夹层结构,其材料包括单向预浸料、预浸织物等,应视具体结构而定。

3.7 弹体结构防腐蚀设计

弹体结构是制导炸弹的主体部分,是弹上设备的有效屏蔽,因此,弹体结构的防腐蚀设计的好坏直接影响着制导炸弹的最终使用性能。针对制导炸弹结构腐蚀类型和控制特点,在制导炸弹结构设计过程中考虑结构防腐问题,不仅有利于提高制导炸弹的性能,保证产品质量，还有利于提高研制效率，缩短研制周期，降低研制成本，减少维修费用，延长贮存寿命，往往起到事半功倍的效果。

3.7.1　影响制导炸弹结构腐蚀的因素

3.7.1.1　客观因素

环境是制导炸弹使用及贮存的客观条件，影响制导炸弹的性能变化，是造成结构腐蚀的外因。

环境因素分为自然环境因素和诱导环境因素。制导炸弹从出厂到交付部队使用，期间反复经历包装、运输、装卸、存放、检测、维修、训练、发射等过程，同时要经受振动、冲击、高温、低温、温冲、低气压、盐雾、霉菌、沙尘、雨水等环境因素的作用。此外，制导炸弹除例行带机训练、演习发射、投入战斗等外，绝大多数时间处于库房中，受到大气压力、降水、太阳辐射、沙尘、生物条件、霉菌、盐雾及风等自然环境因素的影响很小或者基本没有。诱导环境主要包括振动、冲击等。振动、冲击主要来源于搬运过程中的装卸、运输及贮存期间的地震，引起结构变形，产生应力。

结构腐蚀一般是温度、湿度、盐雾、应力等其他因素一起综合作用的结果。

3.7.1.2　主观因素

目前，制导炸弹已大量装备于空军，随着空海一体化作战使用需求，结构腐蚀成为制约拓宽制导炸弹使用领域的首要障碍。因此，应从腐蚀的现象和规律分析制导炸弹结构腐蚀的原因，涉及设计、制造和使用维护等各个方面，主要影响因素见表 3-1。

表 3-1　制导炸弹结构腐蚀的主要原因

原　因	因　素
设计方面	密封、排水；结构缝隙、沟槽；异种金属；表面防护；材料与工艺选择；应力与变形控制；结构维修性；结构的具体使用环境
制造方面	制造工艺及生产质量控制；密封、装配工艺及质量控制；包装、运输、贮运
使用维护方面	可修性差；表面损伤；使用环境；疏忽或对腐蚀损伤认识不足；腐蚀维修计划不当或措施缺乏；密封不到位造成排水不当等原因

3.7.2　制导炸弹结构主要腐蚀类型

根据制导炸弹结构特点，贮存及使用环境等因素，结合常见的结构腐蚀类型，确定制导炸弹结构的主要腐蚀类型有均匀腐蚀、电偶腐蚀、缝隙腐蚀、应力腐蚀、氢脆、疲劳腐蚀、晶间腐蚀、点蚀等。下面主要介绍下均匀腐蚀、电偶腐蚀、缝隙腐蚀、应力腐蚀产生的原因和控制该类腐蚀的措施。

3.7.2.1 均匀腐蚀

均匀腐蚀也叫全面腐蚀，是指在金属表面发生的比较均匀的大面积腐蚀，是一种常见的腐蚀形态，腐蚀结果是金属厚度逐渐变薄，最后完全破坏。这种腐蚀在各温度下均可发生，高温能加速腐蚀。

1.均匀腐蚀产生的原因

均匀腐蚀是暴露于含有一种或多种腐蚀介质组成的腐蚀环境中，在整个金属表面上进行的腐蚀。导致均匀腐蚀产生的原因主要有：

1)材料不耐腐蚀；

2)产品密封、排水及防水措施设计不合理；

3)零、部件表面防护不到位；

4)环境因素的影响。

2.控制均匀腐蚀的措施

结合均匀腐蚀产生的原因，提出设计要求：均匀腐蚀一般通过采用耐蚀材料、施加良好的防护层和结构密封、良好的排水、防雨措施以及用缓蚀剂保护等措施进行防护。

3.7.2.2 电偶腐蚀

电偶腐蚀是两种或两种以上具有不同电位的金属接触时形成的腐蚀。当两种不同的金属或合金接触时，在电解液中点位较负的金属腐蚀速度加大，而点位较正的金属得到保护，并处于同一种溶液或电解液中时发生。

1.电偶腐蚀产生的原因

电偶腐蚀的发生必须同时具备以下条件：

1)两种不同金属置于溶液中直接接触；

2)两种不同金属有电极电位差；

3)两种不同金属有电偶间的空间布置。

2.控制电偶腐蚀产生的措施

电偶腐蚀一般采取相互接触的零件，尽量选用同一种金属材料，当不可避免使用异种金属组合时，应尽量选用 GJB1720—1993 所规定的相容金属以及当必须使用不相容异种金属组合时，应符合 GJB1720—1993 规定等方面进行防护控制。

3.7.2.3 缝隙腐蚀

缝隙腐蚀是由于金属表面与其他金属或非金属表面形成狭缝或间隙，并有介质存在时在狭缝内或近旁发生的局部腐蚀，缝隙腐蚀是局部腐蚀的一种。金属与金属或金属与非金属材料接触时，即使是过渡或过盈配合，仍然有可能存在间隙，当腐蚀液渗入缝隙中产生化学腐蚀时，金属的腐蚀便会加快。缝隙腐蚀常发生在垫圈、铆接、螺钉连接的接缝处，搭接的焊接接头、堆积的金属片间等处。

1. 缝隙腐蚀产生的原因

缝隙腐蚀产生的机理是由于连接的缝隙处被腐蚀产物覆盖，以及介质扩散受到限制等，导致该处的介质成分和浓度与整体相比有较大的差异，形成“闭塞电池腐蚀”。

因此，缝隙腐蚀的发生，首先应具有腐蚀条件的缝隙，其缝宽必须使侵蚀液能进入缝内，同时缝宽又必须窄到能使溶液在缝内停滞，一般发生缝隙腐蚀的最敏感缝宽为 0.025～0.1 mm。当缝隙宽小于 0.025 mm 时，缝隙太小，侵蚀液很难进入，不易出现缝隙腐蚀；当缝宽大于 0.1 mm 时，缝隙较大，侵蚀液容易被风干，也不会产生缝隙腐蚀。

缝隙腐蚀产生的原因主要有以下几方面。

1）金属件装配中采用的铆接、焊接、螺纹连接等位置存在缝隙，如螺栓与螺母之间，螺母与贴合面之间自然形成了一定的缝隙，为缝隙腐蚀创造了条件；

2）金属与非金属的连接，如金属与塑料、橡胶等；

3）金属表面的沉积物、附着物，如灰尘、腐蚀产物的沉积等。

4）环境因素的影响。

2. 控制缝隙腐蚀产生的措施

1）尽量采用整体件，避免和消除结构缝隙；

2）避免尖缝结构和滞留区，防止腐蚀介质进入或积留；

3）设计螺钉连接结构，应涂硫化硅密封胶；

4）接合面用涂层防护以及设计无法避免缝隙时，应保证接合面便于清理，去除污垢。

3.7.2.4 应力腐蚀

应力腐蚀是由于拉伸应力和腐蚀环境的结合，静载荷下拉伸应力在金属表面形成，腐蚀作用使应力集中以致超过材料的屈服强度，最终金属失效，产生应力腐蚀裂纹和腐蚀疲劳裂纹。

1. 应力腐蚀产生的原因

发生应力腐蚀的 3 个基本条件是材料的应力腐蚀敏感性、特定腐蚀环境和拉伸应力，具体有以下特征：

1)发生应力腐蚀主要是合金,纯金属极少发生；

2)只有在特定环境中对特定材料才产生应力腐蚀；

3)发生应力腐蚀必须有拉应力的作用,压应力反而能阻止或延缓应力腐蚀。

内应力可以由冷淬火、磨削或焊接引起,应力区相对于非应力区为阳极,裂纹首先在阳极区出现并传播开去,应力的出现加重了化学侵蚀,局部裂纹因而发生。

2. 控制应力腐蚀产生的措施

1)弹体结构设计时应选用耐应力腐蚀的金属材料；

2)在制导炸弹装配过程中,因基准选择及零件加工误差造成的间隙使装配结构出现了残余应力,应通过添加垫片予以解决；

3)应使弹体结构件的主应力方向沿材料的晶粒方向,避免材料在短横向受较大的拉应力；

4)模锻件设计时,应考虑晶粒流动方向,合理选择分模面位置。模锻件的尺寸,应尽可能接近零件的最终尺寸,减少切削加工量,以避免造成较大残余应力；

5)弹体结构设计中零、部件承受应力最大的部位,应避免凹槽、截面积突变、尖角及切口等,减少应力集中,改善应力分布；

6)采用表面渗碳、渗氮等热处理法,以降低材料对应力腐蚀的敏感性。

3.7.3　结构设计、制造、连接、装配的防腐蚀常用措施

结构设计人员应从制导炸弹外形图开始考虑结构防腐蚀问题,经历零、部件设计、制造、装配等过程,在各个环节中给予控制,方能达到良好的防控效果。

3.7.3.1　结构设计常用防腐措施

零、部件设计涉及材料选择、加工、制造工艺的确定及使用维护等多个方面,结合腐蚀环境,零件设计的合理与否直接会导致均匀腐蚀、电偶腐蚀、应力腐蚀、氢脆以及点蚀等腐蚀类型在制导炸弹上的发生。零、部件设计一般采用以下措施：

1)零件合理的结构设计形式、传力合理、避免刚度突变,应减少应力集中。

2)零件结构应避免尖角和凹槽,消除能存留腐蚀介质的间隙。

3)零件设计中应避免死角,以免因积水引起腐蚀,一般采用圆角过渡或开泄流孔。

4)零件表面应规定明确的粗糙度要求,关键的表面应有足够低的粗糙度值。

5)对配合精度要求高的零件防护处理,应预留镀(涂)层余量。

6)锻件在设计时应保证“纤维”方向与主应力方向一致。

7)焊接件的焊缝应开敞，便于焊后打磨或其他加工，保证焊缝质量，应保证焊接件的焊缝不进入腐蚀性介质。

8)铸件应尽量采用真空加压铸造，以获得致密的表面，便于表面保护，提高抗腐蚀性能。

9)高应力区域或拉应力部位应不打钢印。

3.7.3.2　制造过程中的常用防腐措施

1)根据炸弹结构形式和使用环境条件，应采取合适的工艺制造方法，防止或减缓腐蚀；

2)应制定合理的加工工艺，确保零件的抗腐蚀能力不下降；

3)工序间应进行清洗，清洗后零件表面应无任何腐蚀物、油污，并进行防锈处理；

4)对前后吊挂、连接螺钉等主承力有镀层类零件，应进行去氢处理，去氢时间根据抗拉强度、化学成分、材料厚度等确定。

3.7.3.3　连接设计中的常用防腐措施

连接设计涉及连接方式、密封及防护处理等多个方面，结合腐蚀环境，连接设计的合理与否直接会导致电偶腐蚀、缝隙腐蚀、应力腐蚀等腐蚀类型在制导炸弹上的发生。连接设计一般采用以下措施：

1)应尽量选用同种金属或电位差小的不同金属(包括镀层)相互连接；

2)应根据相容性合理地进行金属与非金属之间的连接设计；

3)铆钉连接时，应尽量不使材料强度较高的零件夹在材料强度较低的零件之间；

4)避免铆钉承受拉力，并尽量避免采用不对称连接。

5)螺栓连接时，应保证对接表面相互贴合；

6)应选用耐腐蚀性能高、抗氢脆和抗应力腐蚀性材料制造的紧固件；

7)选用垫圈时应注意不同金属电偶腐蚀问题；

8)弹体结构外表面易积水的部位，应采用不锈钢紧固件，提高抗腐蚀能力。

3.7.3.4　装配中的常用防腐措施

弹体装配涉及加工装配工艺、配合公差及防护处理等多个方面，结合腐蚀环境，零件装配的合理与否直接会导致电偶腐蚀、缝隙腐蚀、应力腐蚀等腐蚀类型在制导炸弹上的发生。装配设计一般采用以下措施：

1)具有配合关系的零、部件应合理给出公差，避免装配应力。

2)不同材料连接的结构,在装配前应按异种材料进行防护处理。

3)战斗部、制导控制尾舱等重要结构装配时可采用工艺垫片减少装配应力,以防止应力腐蚀。

4)结构件装配一般不应修挫,以免破坏零件表面防护层,需要进行修挫的零件,在表面修整后,应对修整表面进行表面防护处理。

3.7.4 结构表面防护设计

制导炸弹结构表面防护体系通常由结构材料表面的金属镀覆层、化学覆盖层及有机涂层组成。应将腐蚀环境—基体材料—防护体系视为一体,进行优选组合。所有暴露于外部环境中的以及经常处于腐蚀环境中的内表面,应视为外表面,并按外表面要求进行防护。有机涂层的选择应根据工作环境,综合考虑涂镀层之间及与基体的附着力、涂层的耐腐蚀性能、耐大气老化性能与耐湿热、盐雾、霉菌的“三防”性能以及涂层系统各层之间的适配性和工艺性等。金属镀覆层与化学覆盖层应根据结构工作环境和材料的特性、结构形状与公差配合要求、热处理状态、加工工艺与连接方法等选择。

3.7.4.1 结构防腐方法

制导炸弹的零、部件较多,一般要求每个零、部件都要进行防腐处理,其原理是用耐腐蚀性强的金属或非金属覆盖耐腐蚀性弱的金属,将主体金属与腐蚀介质隔离开以达到防腐的目的。

1)非金属覆盖层:主要指各种涂料防护层,即通过一定的涂敷方法把底漆和面漆涂在金属表面上,经固化形成涂层,保护金属不被腐蚀;

2)金属覆盖层:利用电解作用使耐腐蚀性强的金属或合金沉积在金属制件表面,形成致密、均匀、结合力良好的金属层。

3.7.4.2 结构防腐方法选择的原则

1)根据零、部件的材料、使用性能及腐蚀环境来选择腐蚀方法;

2)防腐层必须有较好的化学稳定性及抗大气中各种腐蚀介质的侵蚀;

3)防腐层必须与基体材料有良好的结合力、强度和硬度。一般情况下,由于防腐层与基体材料结合力不好、耐腐蚀性差、强度及硬度低、防腐层易产生机械划伤而降低防腐效果;

4)在满足制导炸弹零、部件防腐要求的情况下,尽量选用比较经济的防腐方法。

3.7.4.3　材料表面处理状态的原则

1)选用的金属镀覆层或化学覆盖层不应给基体材料带来如疲劳、残余应力等的不良影响；

2)金属镀覆层选择应符合 GJB594－1988，零件镀覆前的质量应符合 HB5034－1977 的要求，工艺质量控制应符合 GJB480A－1995 的要求，金属镀层在海洋大气中的腐蚀等级见表3－2。

3)有机涂层的选择除应考虑其防护性能、耐湿热、盐雾、霉菌性能和耐大气老化性能外，还应考虑其与基体附着力、涂层之间相容性和施工工艺性能等；

4)底漆与面漆应相互配套，底漆与腻子也应相互配套；

5)底漆干燥后方能涂面漆；

6)底漆与面漆应采用“一底一面”或“两底一面”，底漆厚度为 0～0.03 mm，油漆总厚度不超过 0.065 mm。

表 3－2　金属镀层在海洋大气中的腐蚀等级　(单位：mm)

时间/年	环　境		腐蚀等级/镀层厚度			
			镀锌		镀镍	镀铬
			未钝化	钝化		
1	海洋大气	1	5/20.8	5/21.4	2/9	1/17.6
		2	5/19.4	5/20.6	5/10.2	1/19.2
		3	5/23.4	5/15.4	5/12	4/21.6
3	海洋大气	1	5/20.8	5/21.4	2/9	1/17.6
		2	5/19.4	5/20.6	2/10.2	1/19.2
		3	5/23.4	5/15.4	4/12	1/21.6
5	海洋大气	1	5/20.8	5/21.4	1/9	1/17.6
		2	5/19.4	5/20.6	1/10.2	1/19.2
		3	5/23.4	5/15.4	4/12	1/21.6

注 1：腐蚀等级：5－未露底，4～1－底金属腐蚀面积 4：1%～10%，3：11%～30%，2：31%～70%，1：71%～100%；

注 2：金属镀层厚度单位：μm；

注 3：“/”：腐蚀等级/镀层厚度；

注 4：环境 1～3 代表不同的海洋大气环境：1－万宁站点，2－琼海站点，3－青岛站点。

3.7.4.4 常用金属镀覆层和化学覆盖层

制导炸弹的金属镀层和化学覆盖层，一般包括钢铁零件电镀层（镀锌层、镀镉层、镀镍层等）及铝、镁合金的电化学转化膜（铝合金阳极氧化、镁合金阳极氧化或化学氧化）。

金属镀覆层和化学覆盖层一般采用以下措施。

1. 钢制零件

钢制零件镀覆层的选择应满足以下要求：

1)碳钢（Q235、45＃等）、合金钢（30CrMnSi、40CrNiMoA 等）在大气及海水中耐腐蚀性能不高，除抽真空密封包装等特殊场合外，应采用镀覆层；

2)常用不锈钢（12Cr18Ni9）不需采用镀覆层，但应进行钝化处理，提高抗点蚀能力；

3)紧固件镀覆层的选择应符合紧固件相关的标准。

2. 铝合金零件

铝合金零件一般应先进行除油等镀前处理，后进行电镀（其中铸造铝合金除外）。

3. 镁合金零件

镁合金零件一般应先进行除油等镀前处理，后进行电镀（其中铸造镁合金除外）。

3.7.4.5 有机防护涂层

有机涂层的选择应根据工作环境，综合考虑涂镀层之间与基体的附着力、涂层的耐腐蚀性能、耐大气老化性能以及涂层系统各层之间的适配性和工艺性等。零、部件涂漆应满足如下要求：

1)铝合金零、部件应先进行阳极氧化再涂底漆和面漆；

2)钢制零、部件应先进行磷化处理再涂底漆和面漆；

3)复合材料应先打磨除去石蜡等油性材料，检测合格后再涂底漆和面漆；

4)所有经修边、修挫、划伤等钢铁零、部件应先进行局部磷化处理再涂底漆和面漆；

5)所有经修边、修挫、划伤等铝合金零、部件应先进行局部阳极氧化处理再涂底漆和面漆。

3.7.5 常用材料耐腐蚀特性

结构材料是制导炸弹弹体结构设计必需的物质基础，要成功地完成制导炸弹结构设计，必须了解制导炸弹常用材料的性能、特点等。制导炸弹结构常用的材料种类很多，按材料的性质可分为金属材料、非金属材料两大类。常用金属材料包括碳钢、合金钢、不锈钢，铝合金、镁合金等；常用非金属材料包括橡胶板、塑料、复合材料及油漆等。目前金属材料仍占据主导地位，制导炸弹结构常用金属材料的耐腐蚀性能见表 3－3。

表 3－3 常用金属材料(裸态)抗腐蚀特性

材料	抗腐蚀性能						
	抗均匀腐蚀	抗电偶腐蚀	抗应力腐蚀	抗氢脆性能	抗疲劳腐蚀	抗晶间腐蚀、剥蚀	抗点蚀
30CrMnSiA	C	C	C	C	C	C	C
30CrMnSiNi2A	C	C	C	C	C	C	C
35CrMnSiA	C	C	C	C	C	C	C
40Cr	C	C	C	C	C	C	C
40CrNiMoA	C	C	C	C	C	C	C
16Mn	C	C	C	C	C	C	C
65Mn	C	C	C	C	C	C	C
45	C	C	C	C	C	C	C
35	C	C	C	C	C	C	C
20	C	C	C	C	C	C	C
Q235	C	C	C	C	C	C	C
12Cr18Ni9	A	A	A	A	A	A	C
1Cr18Ni12Mo2Ti	A	A	A	A	A	A	A
05Cr17Ni4Cu4Nb	A	A	A	A	A	A	A
2A12	B	B	B	B	B	C	C
2A14	A	A	A	A	A	A	B
2A70	A	A	A	A	A	A	B
3A21	A	A	A	A	A	C	C
5A02	A	A	A	A	A	C	C

续 表

材 料	抗腐蚀性能						
	抗均匀腐蚀	抗电偶腐蚀	抗应力腐蚀	抗氢脆性能	抗疲劳腐蚀	抗晶间腐蚀、剥蚀	抗点蚀
6A02	A	A	A	A	A	A	B
2014	B	B	B	B	B	C	C
7075	B	B	B	B	B	C	C
ZL114A	A	A	A	A	A	A	B

注:A—抗腐蚀性能高(未露底或腐蚀点少);B—抗腐蚀性能中等(有腐蚀点但不严重);C—抗腐蚀性能低(腐蚀点覆盖基材)。

第 4 章　制导炸弹载荷分析与计算

4.1　概　　述

载荷是制导炸弹在贮存、运输、挂机飞行以及自主飞行过程中，施加在弹体结构上的各种作用力的总称。

制导炸弹结构初步设计完成后，需通过仿真分析和静力试验等方式，验证弹体结构的强度、刚度及可靠性是否满足要求，在此过程中，载荷分析与计算起到了至关重要的作用，载荷分析的结果不但用于弹体结构仿真分析的输入，而且是用于静力试验工况确定的参考依据。

制导炸弹主要承受惯性载荷及各种气动载荷的影响，为明确弹体结构在载荷作用下的内力及分布情况，对弹体结构进行内力分析，得出弹体结构的轴力、剪力及弯矩等计算结果，以此校核弹体结构主要连接部位的强度，及弹体结构关键件的强度。另外，为保证制导炸弹在挂飞过程中的安全性，需根据制导炸弹的挂载形式，对吊耳（吊挂）及止动器等部件的受力情况进行分析计算，以保证制导炸弹与挂架连接安全可靠。

本章主要从制导炸弹过载系数与安全系数、制导炸弹载荷、制导炸弹载荷分析、制导炸弹支反力计算，以及制导炸弹载荷分析计算步骤及要求等方面进行介绍。

4.2　过载系数与安全系数

4.2.1　过载系数

4.2.1.1　过载系数定义

除重力外，作用在制导炸弹某方向的所有外力的合力与制导炸弹质量的比值，称为该方向上的过载系数。制导炸弹挂机飞行和着陆的过载系数主要与载机机动性能及炸弹在载机上的挂载位置有关，过载系数是一个矢量，用符号 $\boldsymbol{n}$ 表示，其在弹体坐标轴下三个主

轴方向的分量为 n_x，n_y，n_z，如图 4-1 所示。

过载系数为相对值，以制导炸弹 Y 向为例，其过载系数 n_y 为

$$n_y = \frac{\sum_{i=1}^{k} N_{yi}}{G} \tag{4-1}$$

式中　N_{yi}—— 制导炸弹 Y 向的外力；

G—— 制导炸弹自身重力。

图 4-1　过载系数在弹体坐标系的分量

4.2.1.2　过载系数的确定

制导炸弹的过载系数是弹体结构设计时所用到的重要参数之一，若已知制导炸弹质心处的过载系数，结合炸弹气动力分布等参数，可以求得制导炸弹结构各部分所受实际载荷的大小并确定作用力方向，为制导炸弹结构设计校验提供依据。制导炸弹的过载系数主要包括挂机过载系数及自主飞行过载系数。

1. 挂机过载系数

挂机过载系数主要由载机重心处的平动过载及由横滚、俯仰及偏航引起的附加过载组合而成。附加挂机过载系数按以下公式计算：

1）横滚机动在轴向产生的附加过载系数为

$$\Delta N_{y1} = (y/g)(\mathrm{d}\varphi/\mathrm{d}t)^2 + (z/g)\mathrm{d}^2\varphi/\mathrm{d}t^2 \tag{4-2}$$

2）横滚机动在侧向方向产生的附加过载系数为

$$\Delta N_{z1} = (z/g)(\mathrm{d}\varphi/\mathrm{d}t)^2 + (y/g)\mathrm{d}^2\varphi/\mathrm{d}t^2 \tag{4-3}$$

3）俯仰机动在法向产生的附加过载系数为

$$\Delta N_{y2} = (y/g)(\mathrm{d}\theta/\mathrm{d}t)^2 + (x/g)\mathrm{d}^2\theta/\mathrm{d}t^2 \tag{4-4}$$

4）俯仰机动在轴向产生的附加过载系数为

$$\Delta N_{x1} = (x/g)(\mathrm{d}\theta/\mathrm{d}t)^2 + (y/g)\mathrm{d}^2\theta/\mathrm{d}t^2 \tag{4-5}$$

5）偏航机动在侧向产生的附加过载系数为

$$\Delta N_{z2} = (z/g)(\mathrm{d}\psi/\mathrm{d}t)^2 + (x/g)\mathrm{d}^2\psi/\mathrm{d}t^2 \tag{4-6}$$

6）偏航机动在轴向产生的附加过载系数为

$$\Delta N_{x2} = (x/g)(\mathrm{d}\psi/\mathrm{d}t)^2 + (z/g)\mathrm{d}^2\psi/\mathrm{d}t^2 \tag{4-7}$$

式中　x——制导炸弹距飞机重心轴向距离，m；

y——制导炸弹距飞机重心侧向距离，m；

z——制导炸弹距飞机重心法向距离，m；

g——重力加速度，9.8 m/s^2；

φ——绕 X 轴（横滚）的转角，rad；

$\mathrm{d}\varphi/\mathrm{d}t$——最大横滚速度，rad/s；

$\mathrm{d}^2\varphi/\mathrm{d}t^2$——最大横滚加速度，rad/s^2；

θ——绕 Z 轴（俯仰）的转角，rad；

$\mathrm{d}\theta/\mathrm{d}t$——最大俯仰速度，rad/s；

$\mathrm{d}^2\theta/\mathrm{d}t^2$——最大俯仰加速度，rad/s^2；

ψ——绕 Y 轴（偏航）的转角，rad；

$\mathrm{d}\psi/\mathrm{d}t$——最大偏航速度，rad/s；

$\mathrm{d}^2\psi/\mathrm{d}t^2$——最大偏航加速度，rad/s^2。

以上相关载机的参数和载机重心处的平动过载（$n_{x'}$，$n_{y'}$，$n_{z'}$）一般由主机所给定，因此，制导炸弹挂机过载系数为

轴向过载 n_x

$$n_x = n_{x'} + \Delta N_{x1} + \Delta N_{x2} \tag{4-8}$$

法向过载 n_y

$$n_y = n_{y'} + \Delta N_{y1} + \Delta N_{y2} \tag{4-9}$$

侧向过载 n_z

$$n_z = n_{z'} + \Delta N_{z1} + \Delta N_{z2} \tag{4-10}$$

2. 自主飞行过载系数

自主飞行过载系数一般由制导控制系统根据制导炸弹弹道的设计情况给定。

4.2.2　安全系数

为保证制导炸弹结构可靠，在设计过程中需考虑预留一定的安全裕度，一般通过安全系数保证。安全系数定义为设计载荷与使用载荷的比值。

安全系数 f 越大，炸弹结构受力后越安全，然而却可能导致炸弹总质量的增加；f 偏小，则会导致炸弹结构可靠性降低。因此，安全系数 f 的合理选取尤为重要，根据工程经验，安全系数 f 一般取 1.5。当载荷计算误差较大，需增加弹体结构的安全性和可靠性时，安全系数的取值应适当提高。

4.3　制导炸弹载荷

载荷是影响制导炸弹弹体结构可靠性设计水平的关键因素，制导炸弹在寿命周期内，主要受到地面载荷、挂机载荷及自主飞行载荷等外载荷的影响。

制导炸弹所受载荷具有一定的随机特性。在整个寿命周期内，制导炸弹在同一时刻受多种载荷影响，并且各种载荷随时间变化存在一定的随机性，当使用载荷对制导炸弹弹体结构进行可靠性计算时，应考虑载荷的随机特性以保证计算结果的准确性。作用在制导炸弹上的载荷一般服从正态分布或对数正态分布。

4.3.1　地面载荷

地面载荷主要指制导炸弹在地勤处理及地面运输等过程中受到的载荷，可以分为：

(1) 地勤处理中的载荷。如起吊载荷、支撑载荷等。

(2) 运输过程中的载荷。如支撑载荷等。

4.3.2　挂机载荷

挂机载荷主要指制导炸弹在挂机飞行及挂机着陆过程中受到的载荷，可以分为：

(1) 沿弹身表面分布的气动载荷。气动载荷指作用在制导炸弹表面的作用力，以吸力或压力的形式作用在弹体表面。

(2) 惯性载荷。惯性载荷由沿弹身分布的质量力引起。

(3) 吊挂(吊耳) 载荷。

(4) 止动器预紧力。

4.3.3　自主飞行载荷

自主飞行载荷主要指制导炸弹投放后，自主飞行过程中受到的载荷，可以分为：

(1) 气动载荷。气动载荷的大小与制导炸弹的飞行状态有关，炸弹不同部位受到的气动载荷也不一样。

(2) 惯性载荷。

4.4　制导炸弹载荷分析

为保证制导炸弹弹体结构设计满足要求，在方案设计完成以后，需根据气动模型的吹风结果对载荷进行分析，并研究弹体结构在载荷作用下的内力及分布情况，作为结构设计、强度刚度校核以及静力试验的依据。

4.4.1　坐标系与载荷符号的确定

为方便制导炸弹弹体内力计算，需要对炸弹坐标系及载荷符号进行确定。制导炸弹载荷坐标系采用右手法则确定，坐标原点取在制导炸弹头舱(导引头)尖部，X 轴的正向与航向相同，Y 轴为弹体法向(向上为正)，如图 4-2 所示。

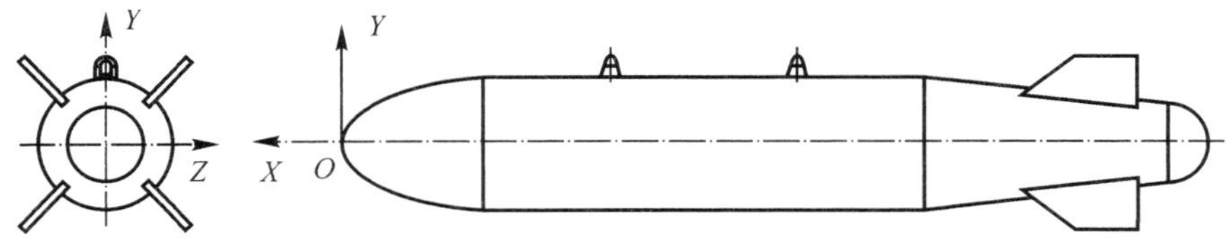

图 4-2　制导炸弹载荷坐标系

弹体坐标系的 X 坐标与载荷坐标系的 X 坐标相反，其他坐标与载荷坐标系相同。

载荷正负号规则：惯性力 P 及前、后吊块支反力与载荷坐标轴同向者为正；截面剪力 Q、弯矩 M 与图 4-3 同向者为正。

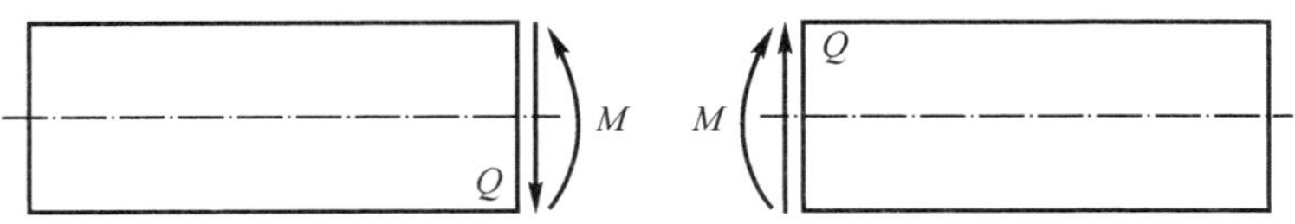

图 4-3　制导炸弹载荷符号

4.4.2 制导炸弹载荷分析

通过制导炸弹载荷分析计算，为弹体结构零、部件强度、刚度校核提供载荷输入。在此只介绍炸弹垂直剖面的内力分析计算方法，其他两个方向的分析方法相同。

1. 制导炸弹弹体轴力

制导炸弹弹体轴力主要由分布载荷产生的轴力、弹翼及舵翼等由气动载荷引起的集中力产生的轴力以及弹上设备的集中质量在过载作用下产生的轴力三部分组成，即

$$N(x)=\int_0^x (q_x+q_{mx})\mathrm{d}x+\sum_{i=1}^{k}X_i+\sum_{i=1}^{l}n_xG_i \tag{4-11}$$

式中 q_x—— 沿弹身表面分布的气动力；

q_{mx}—— 沿弹身分布质量力的 x 向分量，$q_{mx}=n_xmg$，m 为分布质量；

X_i—— 弹翼及舵翼等由气动载荷引起的集中力产生的轴力；

G_i—— 弹上设备的集中质量；

n_x—— 弹身轴向过载系数；

k—— 由弹身头部到任意垂直剖面间的集中力 X_i 个数；

l—— 由弹身头部到任意垂直剖面间的集中质量 G_i 的个数。

2. 制导炸弹弹体剪力

$$Q(x)=\int_0^x (q_y+q_{my})\mathrm{d}x+\sum_{i=1}^{k}Y_i+\sum_{i=1}^{l}n_yG_i \tag{4-12}$$

式中 n_y—— 弹体法向过载系数；

q_y—— 法向分布气动力；

Y_i—— 弹翼及舵翼等由气动载荷引起的集中力产生的剪力；

q_{my}—— 沿弹身分布质量力的 y 向分布，$q_{my}=n_ymg_0$，m 为分布质量；

k—— 由弹体头部到任意垂直剖面间的集中法向力 Y_i 的个数；

l—— 由弹体头部到任意垂直剖面间的集中质量 G_i 的个数。

3. 制导炸弹弹体弯矩

$$M(x)=\int_0^x Q(x)\mathrm{d}x+\sum_{i=1}^{k}M_i \tag{4-13}$$

式中 M_i—— 集中弯矩；

k—— 由弹体头部到任意垂直剖面间的集中弯矩 M_i 的个数。

4. 制导炸弹弹体扭矩

$$m(x)=\int_0^x (q_y e - q_m d)\mathrm{d}x + \sum_{i=1}^{k} T_i \tag{4-14}$$

式中　e—— 气动力 q_y 与弹体轴线的偏心距离；

d—— 质量力 q_m 与弹体轴线的偏心距离；

k—— 由弹体头部到任意垂直剖面间的集中扭矩 T_i 的个数。

由于作用在弹翼或舵翼上的载荷主要有沿翼展分布的气动力 q_y 和质量力 q_m，不包含热电池、惯导等集中质量。因此其内力计算方法与弹身相似，在计算时仅考虑气动力 q_y 和质量力 q_m 引起的剪力、弯矩以及扭矩即可，在此不再赘述。

4.4.3　载荷计算模型的简化

在工程实际中，由于制导炸弹结构复杂，所以通常将模型简化后再进行制导炸弹载荷计算。

制导炸弹弹长与弹体横截面尺寸之比较大，弹体计算模型可简化为一根梁。在弹体结构计算模型上设置有限个计算站点，全弹的质量就分配在这些计算站点上。计算模型简化如图 4－4 所示，图中制导炸弹共有 n 个站点，d_i 表示第 i 个站点到坐标原点的距离，工程中站点位置通常选择在结构件质心或舱段对接面位置处。

制导炸弹质量的分配原则：弹体分布质量均匀地分配到附近的站点上，集中质量按杠杆比分配到附近的站点上，分布质量和集中质量的分配应基本满足各自质心的要求。通常站点数量会影响载荷计算的精度，站点数量越多，计算精度越高，但计算量也随之增大，因此，工程中需根据实际情况合理设置站点数量，并合理安排站点位置。

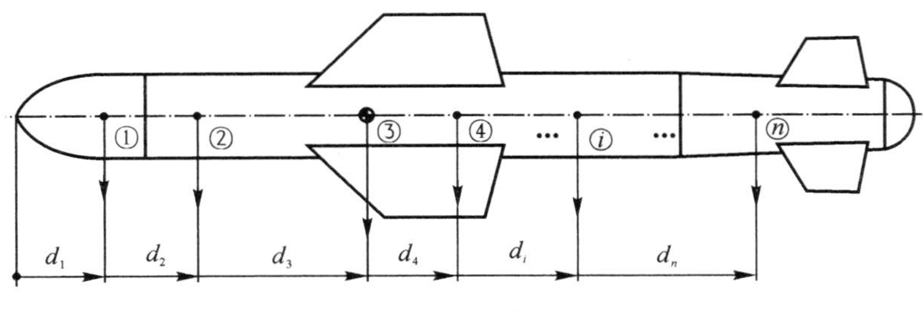

图 4－4　计算模型简化

通过将分布质量及集中质量分配到不同的站点，以计算不同站点剖面的轴力、剪力、弯矩以及扭矩等，根据计算结果，对结构件强度及刚度进行校核，还可对主要连接部位的连接强度进行校核，验证结构设计的合理性及可靠性。

4.4.4 实例分析

以某制导炸弹为例，对其内力进行分析计算。制导炸弹质量为 120 kg，弹长 2 000 mm，全弹质心距弹头前端距离有 1 030 mm，吊耳间距 355.6 mm，头舱重 8 kg，战斗部重88 kg，尾舱重 15 kg，弹翼总重 3 kg，舵翼总重 2 kg，弹上设备重 4 kg。全弹计算模型如图 4-5 所示。

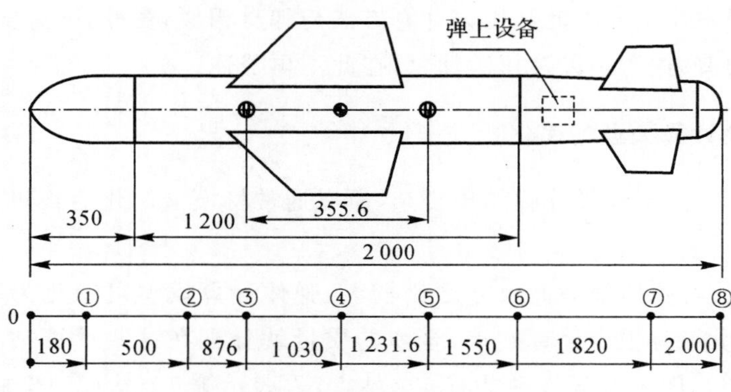

图 4-5 全弹计算模型(单位：mm)

1. 质量分配

按杠杆比原理对全弹质量进行分配，分配表见表 4-1。

表 4-1 质量分配表

		1	2	3	4	5	6	7	8	9	10	11
		头舱质心		前吊耳	全弹质心	后吊耳	尾舱前端面		尾舱后端面	组件质量	计算质心	三维质心
		180 mm	500 mm	876 mm	1 030 mm	1 231.6 mm	1 550 mm	1 820 mm	2 000 mm			
1	头舱	8 kg								8 kg	180 mm	180 mm
2	战斗部	2.58 kg	28.72 kg		38.5 kg		18.2 kg			88 kg	939.6 mm	940 mm
3	弹翼		0.29 kg		2.71 kg					3 kg	978.8 mm	979 mm
4	尾舱						4.5 kg	7.5 kg	3 kg	15 kg	1 775 mm	1 775 mm
5	舵翼						0.15 kg	1.85 kg		2 kg	1 799.8 mm	1 800 mm
6	弹上设备						3.3 kg	0.7 kg		4 kg	1 597.3 mm	1 598 mm
7	$\sum$	10.58 kg	29.01 kg	0 kg	41.21 kg	0 kg	26.15 kg	10.05 kg	3 kg	120 kg	1 030.7 mm	1 030 mm

根据质量分配计算结果，全弹计算质心 1 030.7 mm，与全弹三维质心 1 030 mm 相近，质量分配合理。

2. 载荷计算

制导炸弹挂机飞行时，假定过载系数为 $n_x=-1.2g$，$n_y=4g$，$n_z=0g$，安全系数 $f=1.5$。对制导炸弹各站点载荷进行计算，计算结果如表 4-2 所示。

表 4-2　载荷计算表

站　点	X/m	P_y/N	Q_y/N	M_Z/(N·m)	P_x/N	N_x/N
1	0.18	−622.1	−622.1	0	186.63	186.63
2	0.5	−1 705.8	−2 327.9	−199	511.74	698.37
3	0.876	3 986.4	1 658.5	−1 074.36	0	698.37
4	1.030	−2 423.2	−764.7	−818.95	726.94	1 425.31
5	1.231 6	3 069.6	2 304.9	−973.12	−2 116.8	−691.49
6	1.55	−1 537.6	767.3	−239.24	461.29	−230.2
7	1.82	−590.9	176.4	−32	177.28	−52.92
8	2	−176.4	0	0	52.92	0

3. 结果输出

根据载荷分配与计算结果，得到弹体轴力图 $N(x)$，剪力图 $Q(y)$ 及弯矩图 $M(z)$，具体如图 4-6、图 4-7 及图 4-8 所示。

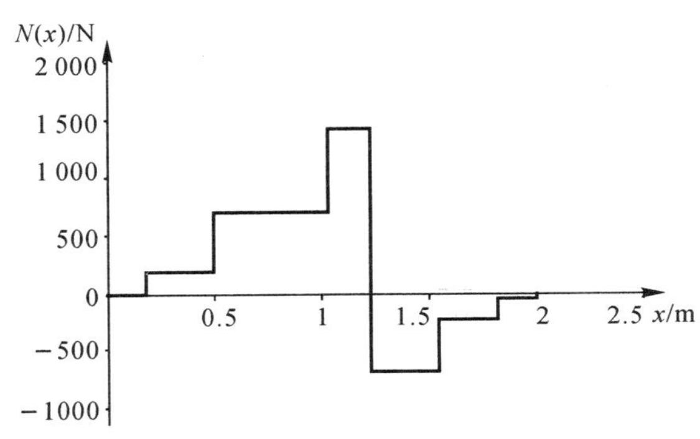

图 4-6　弹体轴力图

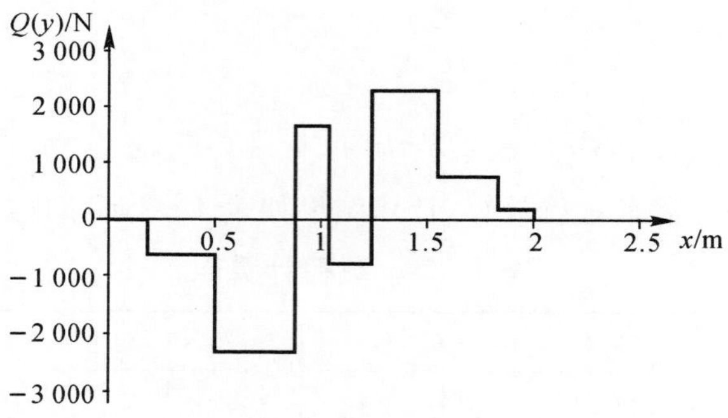

图 4-7 弹体剪力图

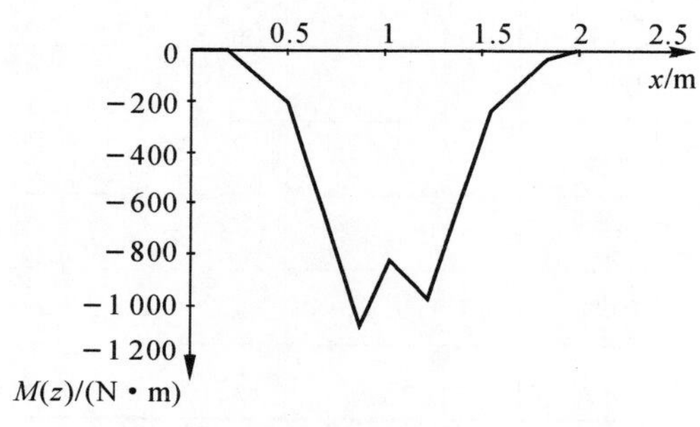

图 4-8 弹体弯矩图

4.5 制导炸弹支反力计算

4.5.1 制导炸弹挂载方式分类

根据制导炸弹与挂架的连接方式不同，制导炸弹的挂载方式主要分为吊耳式挂载和导轨式挂载。

吊耳式挂载通常适用于圆径制导炸弹，Ⅰ，Ⅱ 级吊耳的直径分别为 Φ20 mm 和 Φ45 mm，结合国内外制导炸弹不同的挂载方式，吊耳式挂载又分为单吊耳式和双吊耳式挂载，吊耳间距一般采用 250 mm，355.6 mm 及 762 mm 等规格。

根据 GJB1C—2006，吊耳式制导炸弹的质心应在两吊耳中心线的±76 mm之内，对于第 Ⅳ（大于 2 500 kg）、第 Ⅴ 重量级制导炸弹的质心应定在两吊耳的中心线 ± 25 mm 之内。为防止吊耳式制导炸弹在挂飞时发生滚转，通常在前、后吊耳附近设置 4 个止动器。止动器周围设置止动区，与止动区相对应的弹身底部设置支撑区，吊耳、止动区及支撑区尺寸位置如图 4-9 所示，吊耳式制导炸弹挂载如图 4-10 所示。

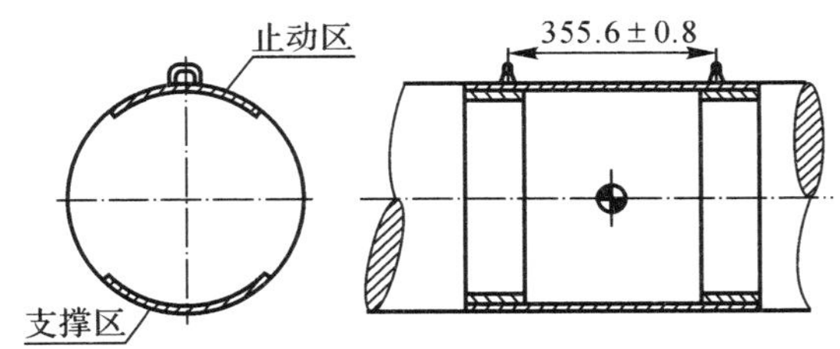

图 4-9　355.6 mm 吊耳、止动区及支撑区尺寸位置图

图 4-10　吊耳式制导炸弹挂载示意图

导轨式制导炸弹一般采用 T 形内滑块或 U 形外滑块与载机的挂架挂载，在挂载过程中不会产生滚转，因此，其挂架不设止动器。

4.5.2　导轨式制导炸弹前后吊挂支反力计算

1. 惯性载荷下的支反力

以 DF-4 挂架为例，介绍导轨式制导炸弹支反力计算。制导炸弹惯性载荷下的支反力计算模型如图 4-11 所示。

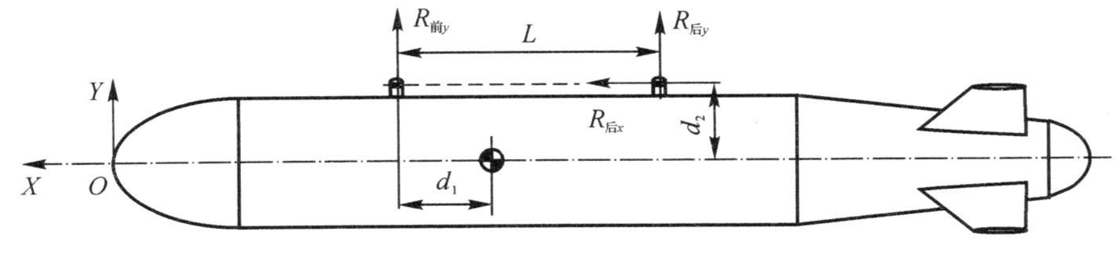

图 4-11　导轨式制导炸弹支反力计算模型

由于制导炸弹垂直平面与水平面支反力推导过程基本相同，在此仅以垂直剖面为例，介绍运用截面法得到的制导炸弹前后吊挂支反力计算方法。

(1) 轴向惯性载荷 N_x 引起的支反力。导轨式制导炸弹轴向惯性载荷由后吊挂单独承受，前吊挂不承受轴向惯性载荷，法向惯性载荷由前、后吊挂共同承受。

后吊挂受到的轴向支反力计算公式为

$$R_{后xN_x} = -N_x = n_x G f \tag{4-15}$$

式中 n_x—— 轴向过载系数；

G—— 全弹总质量；

f—— 安全系数，一般取 1.5。

(2) 法向惯性载荷 N_y 引起的支反力。后吊挂受到的法向支反力为

$$R_{后yN_y} = -(N_y d_1 - N_x d_2)/L = (n_y G f d_1 - n_x G f d_2)/L \tag{4-16}$$

式中 n_y—— 法向过载系数；

d_1—— 前吊挂距质心的距离；

d_2—— 后吊挂与挂架接触面至弹体轴线的距离；

L—— 前、后吊挂中心之间的距离。

前吊挂受到的法向支反力为

$$R_{前yN_y} = -N_y - R_{后yN_y} = n_y G f - R_{后yN_y} \tag{4-17}$$

(3) 侧向惯性载荷 N_z 引起的支反力。前吊挂受到的侧向支反力为

$$R_{前zN_z} = -N_z(1 - d_1/L) = G f n_z(1 - d_1/L) \tag{4-18}$$

式中，n_z 为侧向过载系数。

前吊挂受到的滚转力矩为

$$M_{前N_z} = R_{前zN_z} d_2 \tag{4-19}$$

后吊挂受到的侧向支反力为

$$R_{后zN_z} = -N_z d_1/L = G f n_z d_1/L \tag{4-20}$$

后吊挂受到的滚转力矩为

$$M_{后N_z} = R_{后zN_z} d_2 \tag{4-21}$$

2. 气动载荷下的支反力

(1) 轴向气动载荷引起的支反力。假定制导炸弹轴向使用气动载荷为 P_q，则轴向设计气动载荷 P_x 为

$$P_x = P_q f \tag{4-22}$$

以下章节介绍的气动载荷除有特别说明，均为设计气动载荷。

轴向气动载荷 P_x 引起的后吊挂法向力 $R_{后yPx}$ 为

$$R_{后yPx} = P_x d_2 / L \tag{4-23}$$

轴向气动载荷 P_x 引起的前吊挂法向力 $R_{前yPx}$ 为

$$R_{前yPx} = -R_{后yPy} \tag{4-24}$$

(2) 法向气动载荷 P_y 引起的支反力。法向气动载荷 P_y 引起的后吊挂法向力 $R_{后yPy}$ 为

$$R_{后yPy} = d_1 P_y / L \tag{4-25}$$

法向气动载荷 P_y 引起的前吊挂法向力 $R_{前yPy}$ 为

$$R_{前yPy} = -P_y - R_{后yPy} \tag{4-26}$$

(3) 侧向气动载荷 P_z 引起的支反力。侧向气动载荷 P_z 引起的后吊挂法向力 $R_{后yPz}$ 为

$$R_{后zPz} = d_1 P_z / L \tag{4-27}$$

侧向气动载荷 P_z 引起的前吊挂法向力 $R_{前zPz}$ 为

$$R_{前zPz} = -P_z - R_{后zPz} \tag{4-28}$$

(4) 滚转力矩 M_x 引起的支反力。滚转力矩 M_x 引起的后吊挂滚转力矩 $M_{后Mx}$ 为

$$M_{后Mx} = -M_x d_1 / L \tag{4-29}$$

滚转力矩 M_x 引起的前吊挂滚转力矩 $M_{前Mx}$ 为

$$M_{前Mx} = -Mx - M_{后Mx} \tag{4-30}$$

(5) 偏航力矩 M_y 引起的支反力。偏航力矩 M_y 引起的后吊挂侧向力 $R_{后zMy}$ 为

$$R_{后zMy} = -M_y / L \tag{4-31}$$

偏航力矩 M_y 引起的前吊挂侧向力 $R_{前zMy}$ 为

$$R_{前zMy} = -R_{后zMy} \tag{4-32}$$

(6) 俯仰力矩 M_z 引起的支反力。俯仰力矩 M_z 引起的后吊挂法向力 $R_{后yMz}$ 为

$$R_{后yMz} = M_z / L \tag{4-33}$$

俯仰力矩 M_z 引起的前吊挂法向力 $R_{前yMz}$ 为

$$R_{前yMz} = -R_{后yMz} \tag{4-34}$$

3. 综合支反力

通过将惯性载荷及气动载荷作用下吊挂支反力计算结果叠加得到综合支反力。

(1) 后吊挂所受轴向力为

$$R_{后x} = R_{后xN_x} - P_x \tag{4-35}$$

(2) 后吊挂所受法向力为

$$R_{后y} = -R_{后yN_y} + R_{后yPy} + R_{后yMz} + R_{后yPx} \tag{4-36}$$

(3) 前吊挂所受法向力为

$$R_{前y} = R_{y前N_y} - P_y - R_{前zPz} \tag{4-37}$$

(4) 后吊挂所受侧向力为

$$R_{后z} = R_{后zN_z} + R_{后zPz} + R_{后zMy} \tag{4-38}$$

(5) 前吊挂所受侧向力为

$$R_{前z} = R_{前zN_z} + R_{前zPz} + R_{前zMy} \tag{4-39}$$

(6) 前吊挂所受滚转力矩为

$$M_{前x} = R_{M前N_z} d_2 + M_{前Mx} \tag{4-40}$$

(7) 后吊挂所受滚转力矩为

$$M_{后x} = R_{M后N_z} d_2 + M_{后Mx} \tag{4-41}$$

4.5.3 吊耳式制导炸弹吊耳及止动器支反力计算

吊耳式制导炸弹的特点是吊耳只承受拉力，止动器只承受压力。为方便公式推导及变量计算，本节首先对支撑结构的计算模型进行假设，根据假设模型，对相关符号进行定义，并介绍吊耳及止动器支反力计算方法。

4.5.3.1 模型定义

为便于方法介绍，对吊耳式制导炸弹作如下模型定义，如图 4-12 所示。

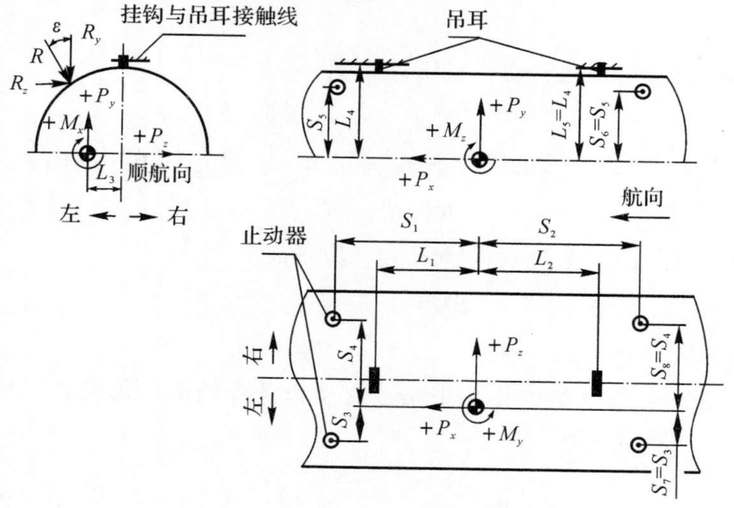

图 4-12 吊耳式制导炸弹支反力计算模型

(1) 止动器与悬挂物接触处的上表面以 XOY 平面为对称面；

(2) 止动器对悬挂物的支反力垂直于悬挂物表面。

4.5.3.2　吊耳及止动器受力分析

制导炸弹的载荷主要由惯性力和气动力组成，为计算吊耳和止动器反力，将惯性力分解为 6 个作用在制导炸弹质心上的合力和合力矩，主要包括：

1) 沿 X 轴的作用力 P_x；

2) 沿 Y 轴的作用力 P_y；

3) 沿 Z 轴的作用力 P_z；

4) 由非对称气动载荷或悬挂物偏心引起的滚转力矩 M_x；

5) 由法向气动载荷及法向惯性载荷引起的俯仰力矩 M_z；

6) 由横向气动载荷及横向惯性载荷引起的偏航力矩 M_y。

吊耳及止动器反力的计算为以上合力及合力矩引起的支反力的叠加。

1. 轴向力引起的支反力

轴向力的正、负方向不同，引起的支反力情况也不一致。当轴向力为正时，前左、前右止动器受压力，后吊耳受拉力，因此，前吊耳所受法向力 $R_{y前吊耳}=0$，后左、右止动器所受法向力 $R_{y后止动}=0$。结合图 4-12 对吊耳及止动器进行受力分析。

将前止动器和质心对后吊耳取矩，得公式：

$$P_x f L_5 = R_{y前止动}(S_1 + L_2) \tag{4-42}$$

式中　P_x——惯性力及气动力的轴向合力；

$R_{y前止动}$——前左、前右止动器受到的法向合力；

L_5——质心至后吊耳的法向距离；

S_1——前左、前右止动器距质心的轴向距离；

L_2——后吊耳至质心的轴向距离。

后吊耳及前止动器所受法向力为

$$R_{y后吊耳} = R_{y前止动} = (P_x f L_5)/(S_1 + L_2) \tag{4-43}$$

前左、右止动器所受法向力为

$$R_{y前左止动} = R_{y前右止动} = R_{y前止动}/2 \tag{4-44}$$

当轴向力为负时，后左、右止动器受压力，前吊耳受拉力，分析计算方法与轴向力为正时一致，不再赘述。

2. 法向力引起的支反力

法向力的正、负方向不同，引起的支反力情况也不一致。当法向力为正时，前左、前右止动器和后左、右止动器受压力，吊耳不受力。因此，前吊耳所受法向力 $R_{y前吊耳}=0$，后吊耳所受法向力 $R_{y后吊耳}=0$。结合图 4-12 对吊耳及止动器进行受力分析。

将前止动器和质心对后止动器取矩。得到前左、前右止动器受到的法向合力 $R_{y前止动}$ 为

$$R_{y前止动}=(S_2/S)P_yf \tag{4-45}$$

式中 P_y—— 惯性力及气动力的法向合力；

S—— 前、前后止动器轴向距离；

S_2—— 后左、前右止动器距质心的轴向距离。

后左、右止动器受到的法向合力 $R_{y后止动}$ 为

$$R_{y后止动}=(S_1/S)P_yf \tag{4-46}$$

式中，S_1 为前左、前右止动器距质心的轴向距离。

当法向力为负时，前、后止动器均不受力，前、后吊耳受拉力。分析计算方法与法向力为正时一致，不再赘述。

3. 侧向力引起的支反力

侧向力的正、负方向不同，引起的支反力情况也不一致。当侧向力为正时，前、后右止动器受压力；前、后吊耳受垂向和侧向拉力。

结合图 4-12 对吊耳及止动器进行受力分析，分步骤求解侧向力引起的支反力。

(1) 止动器法向合力计算。通过以下平衡方程求出止动器法向合力及吊耳侧向合力，有

$$P_zfL_5=R_{y止动}(S_3+S_4)/2+R_{z止动}(L_5-S_5) \tag{4-47}$$

$$R_{y止动}\tan\varepsilon=R_{z止动} \tag{4-48}$$

式中 P_z—— 惯性力及气动力的侧向合力；

S_3—— 左止动器距质心侧向距离；

S_4—— 右止动器距质心侧向距离；

L_5—— 质心距吊耳的法向距离；

ε—— 止动器合力方向与吊耳法向的夹角。

(2) 前、后止动器支反力计算。前、后止动器支反力计算公式为

$$R_{y前止动}+R_{y后止动}=R_{y止动} \tag{4-49}$$

$$R_{y前止动}S_1=R_{y后止动}S_2 \tag{4-50}$$

$$R_{z前止动}=R_{y前止动}\tan\varepsilon \tag{4-51}$$

$$R_{z后止动}=R_{y后止动}\tan\varepsilon \tag{4-52}$$

(3) 前、后吊耳支反力计算。前、后吊耳支反力计算公式为

$$R_{y前吊耳}+R_{y后吊耳}=R_{y吊耳}=R_{y止动} \tag{4-53}$$

$$R_{z前吊耳}+R_{z后吊耳}=R_{z吊耳}=P_z-R_{z止动} \tag{4-54}$$

$$R_{y前吊耳}L_1=R_{y后吊耳}L_2 \tag{4-55}$$

$$R_{z前吊耳}L_1=R_{z后吊耳}L_2 \tag{4-56}$$

当侧向力为负时,分析计算方法与侧向力为正时一致,不再赘述。

4. 滚转力矩引起的支反力

制导炸弹由滚转力矩引起的吊耳及止动器的受力情况,与其受到侧向力引起的吊耳及止动器的受力情况相似。

当滚转力矩为正时,结合图 4-12 对吊耳及止动器进行受力分析。

将前右止动器和质心对前吊耳取矩,得平衡方程为

$$M_x f=R_{y止动}(S_3+S_4)/2+R_{z止动}(L_5-S_5) \tag{4-57}$$

另外,参照侧向力引起的吊耳及止动器受力计算公式,求解出吊耳及止动器所受到的支反力。

当滚转力矩为负时,分析计算方法与滚转力矩为正时一致,不再赘述。

5. 偏航力矩引起的支反力

当偏航力矩 M_y 为正时,前左止动器和后右止动器受压力,前右止动器和后左止动器不受力,前后吊耳受垂向拉力。结合图 4-12 对吊耳及止动器进行受力分析。

将前左止动器对后右止动器取矩,得到吊耳及止动器支反力为

$$R_{z前左止动}=R_{z后右止动}=(M_y f)/S \tag{4-58}$$

$$R_{y前吊耳}=R_{y后吊耳}=R_{z前左止动}/\tan\varepsilon \tag{4-59}$$

当偏航力矩为负时,支反力计算情况与偏航力矩为正时相似,不再赘述。

6. 俯仰力矩引起的支反力

当俯仰力矩 M_z 为正时,前左、右止动器受压力,后左、右止动器不受力,前吊耳不受力,后吊耳受拉力。结合图 4-12 对吊耳及止动器进行受力分析,将前止动器对后吊耳取距,得支反力计算公式为

$$R_{y前止动}=(M_z f)/(S_1+L_2) \tag{4-60}$$

$$R_{y前左止动}=R_{y前右止动}=R_{y前止动}/2 \tag{4-61}$$

当俯仰力矩为负时,支反力计算情况与俯仰力矩为正时相似,不再赘述。

4.5.3.3　吊耳及止动器总等效载荷

根据制导炸弹弹体结构的受力情况,结合 4.5.3.2 节中介绍的 6 种工况,分别计算后

相叠加得到的总载荷，即为吊耳及止动器最终所受到的支反力。

4.6 制导炸弹载荷分析计算的步骤与要求

制导炸弹载荷分析计算结果作为静力试验分析和计算的数据输入来源，在结构设计的合理性验证过程中起到了关键的作用，对结构设计可靠性验证、结构优化设计提供了数据支撑，制导炸弹载荷分析计算需遵循以下步骤及要求。

1. 制导炸弹载荷分析计算步骤

(1)选择设计情况，确定结构使用载荷；

(2)选择安全系数 f，求出设计载荷。

2. 制导炸弹载荷分析计算一般要求

(1)明确制导炸弹的使用工况，如挂机飞行或自主飞行等；

(2)根据所选飞行姿态，确定气动载荷等数据；

(3)对于吊耳式制导炸弹的载荷分析计算需明确止动器与吊耳的相对位置，如止动器位于前后吊耳内侧或外侧；

(4)明确质心相对于吊耳或吊挂的相对位置。

第5章　制导炸弹结构强度分析与计算

结构强度是指材料在外力作用下，抵抗破坏（断裂、有害变形、失稳等）的能力。强度是制导炸弹结构设计中需要考虑的基本要求，即制导炸弹能够承受在挂机飞行以及自由飞行过程中所遇到的各种载荷而不破坏，且不能产生影响制导炸弹正常使用和载机安全的有害变形。

强度分析的主要工作是在外载荷计算基础上，首先进行传力路径分析，并根据分析结果对结构进行合理简化，获取结构上作用的载荷数据，之后进行结构内力分析计算，并选取合理的强度判别准则，根据结构的受力状态确定其承载能力，最后根据计算结果作出强度是否符合设计要求的判断，如不满足要求，还应向结构设计人员提供修改建议。

5.1　传力路径分析

制导炸弹弹体结构是由大量零件组成的，其主要作用是承受、传递载荷（包括剪力、弯矩、扭矩），并维持气动外形。结构传力路径分析的目的是研究载荷在结构中传递的方式以及路径。

5.1.1　弹翼典型结构传力分析

5.1.1.1　弹翼结构的组成元件及其功用

弹翼的基本结构元件是由纵向骨架、横向骨架以及蒙皮等组成的，各个结构元件有下述作用。

（1）纵向骨架——沿翼展方向布置的结构件，包括梁、纵墙和桁条。

1）梁——弹翼中重要纵向承力构件，承受着全部或大部分的弯矩和剪力。梁的缘条承受由弯矩而产生的正应力，腹板承受剪力。

2）纵墙——纵墙的缘条较弱或没有缘条，可以看作梁退化后的结果，因此其主要承受并传递剪力。梁与纵墙均为弹翼的主要纵向受力件，其数量和布置形式视载荷大小以及结构要求而定。

3)桁条——桁条为次要纵向承力件,其作用主要是支持和加强蒙皮,提高蒙皮的稳定性,承受来自蒙皮的局部气动载荷,并将翼肋互相连接起来。桁条还可以承受由弯曲而产生的正应力。

(2)横向骨架——沿翼弦方向布置的结构件。其主要包括普通翼肋和加强翼肋。

1)普通翼肋——将由蒙皮传来的气动载荷传给翼梁,保证翼剖面形状,维持气动外形;通过翼肋还可以将蒙皮和桁条受压长度减小,提高蒙皮、桁条稳定性。

2)加强翼肋——除普通翼肋的功能外,还可以承受集中载荷,主要布置在集中载荷作用的翼剖面处。弹翼一般只有少量的翼肋,甚至将翼肋取消。

(3)蒙皮——固定在横向和纵向骨架上,形成光滑的弹翼表面,以产生飞行所需要的升力和减小气动阻力。

蒙皮除承受作用在翼面上的气动载荷,并把它传给骨架外,还参与结构整体受力。视具体结构的不同,蒙皮可能承受剪应力和正应力。

弹翼可根据翼梁缘条、桁条和蒙皮参与承受弯矩的能力,把弹翼分为梁式、单块式和多墙式。

5.1.1.2 梁式结构传力分析

由于弹翼结构尺寸较小,梁式结构在制导炸弹弹翼结构中很少使用,但梁式结构作为一种基本的受力形式,了解其传力方式也是十分有必要的。梁式结构中翼梁承受大部分弯矩,梁腹板承受剪力,蒙皮和腹板组成的盒段承受扭矩,蒙皮也参与翼梁缘条的承弯作用。梁式弹翼的不足之处是蒙皮较薄,桁条较少,因此,其弹翼蒙皮只承担少量的整体弯曲载荷。根据翼梁的数量不同,还可以进一步将梁式弹翼分为单梁式、双梁式和多梁式弹翼。

1.蒙皮在气动载荷下的受力

蒙皮通过铆接固定在桁条、翼肋和翼梁上。在制导炸弹飞行过程中,以吸力或压力的方式承受沿蒙皮法向的气动载荷。

分析蒙皮在承受气动力时,可以认为蒙皮被桁条、翼肋和翼梁组成的骨架分割成多个独立单元,每个独立单元均以距其最近的桁条、翼肋和翼梁为边界。作用在蒙皮上的分布气动力通过铆钉受拉或接触面挤压的方式传递给最近的桁条、翼肋和翼梁。

当蒙皮承受气动吸力时,骨架通过铆钉受拉为蒙皮提供支反力,如图 5-1 所示。

蒙皮承受气动压力时,铆钉不受力,骨架直接通过接触面挤压向蒙皮提供支反力,如图5-2所示。

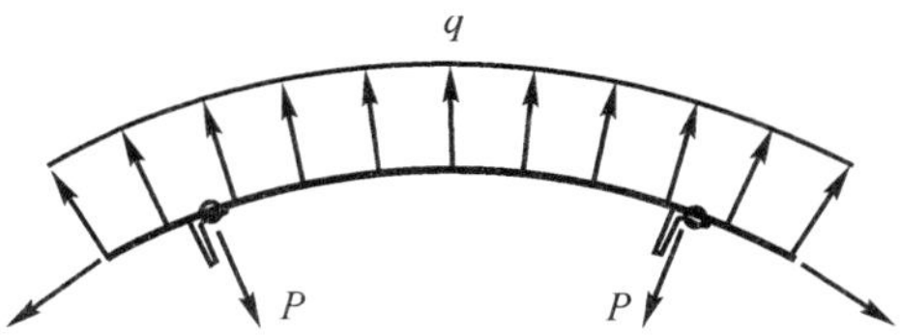

图 5-1　蒙皮承受气动吸力

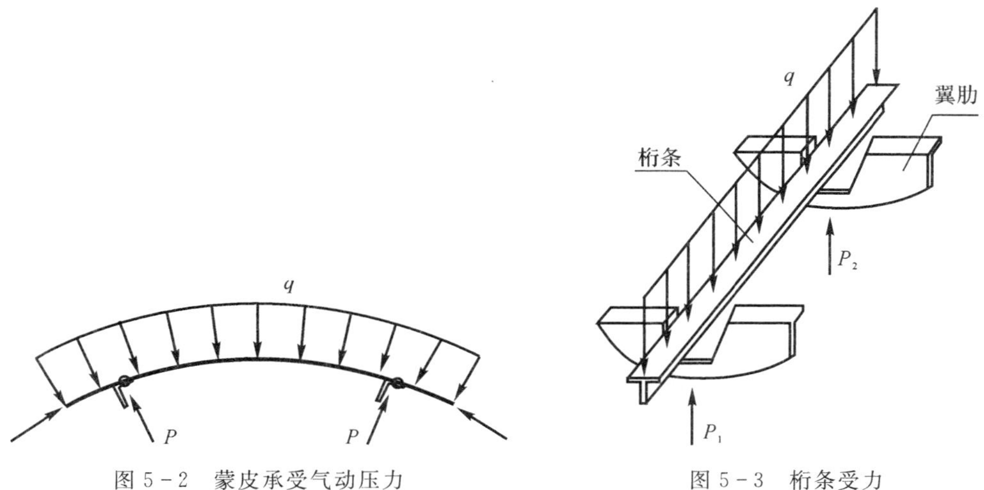

图 5-2　蒙皮承受气动压力

图 5-3　桁条受力

2. 桁条传力分析

桁条长度较长，跨过多个翼肋，在受力形式上可以看作以翼肋为支点的多支点梁。桁条承受蒙皮通过铆钉传来的气动载荷 q，这些载荷沿铆钉排分布，且垂直于桁条轴线，其支反力由作为支点的翼肋提供，如图 5-3 所示。

3. 翼肋的传力分析

翼肋承受从蒙皮和桁条传来的载荷，并进而将这些载荷的合力 ΔQ 按照抗弯刚度 EI 分配到翼梁上，即

$$\frac{R_1}{R_2}=\frac{(EI)_1}{(EI)_2} \tag{5-1}$$

通常 ΔQ 合力的中心 O 与翼剖面的刚心 O' 并不重合，这时在合力 ΔQ 作用下，翼剖面还会出现绕刚心的扭转

$$\Delta M_t=\Delta Qd \tag{5-2}$$

式中，d 为合力中心与刚心距离。

该扭矩由翼肋与蒙皮的连接铆钉提供的剪流平衡，如图 5-4 所示。

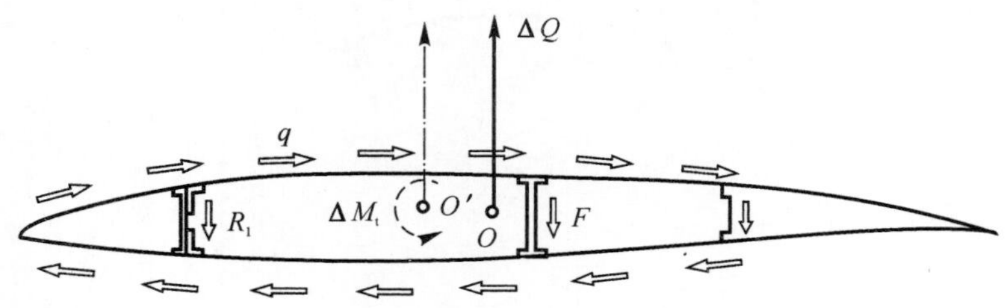

图 5-4 翼肋的受力平衡

4. 翼梁的受力

受力分析时可以将翼梁简化为一端固支的悬臂梁，其承受来自翼肋的剪切力和蒙皮的气动力。翼梁支反力由梁根部与弹身的连接结构提供，如图 5-5 所示。

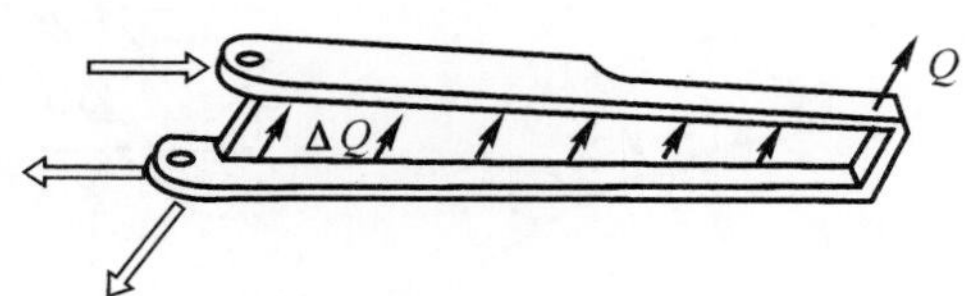

图 5-5 翼梁的受力平衡

由翼肋传递到翼梁腹板上的剪力，在翼梁腹板上产生沿翼梁长度方向呈阶梯状分布的剪力。在该剪力的作用下，在翼梁内产生的弯矩呈斜折线分布，斜率从翼尖向翼根逐渐增大，如图 5-6、图 5-7 所示。

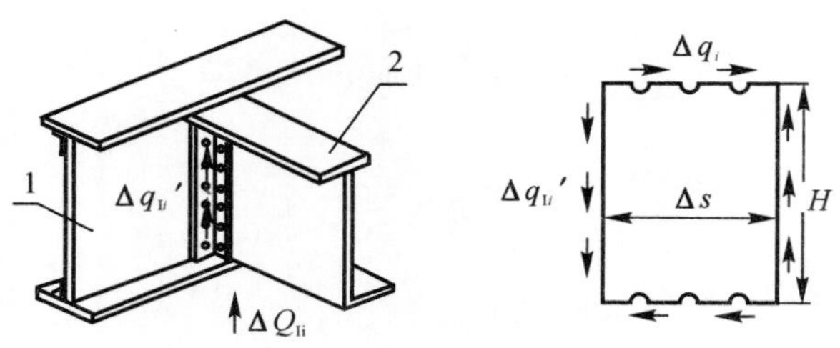

图 5-6 翼肋传递到翼梁腹板的剪力

1—桁梁； 2—翼肋

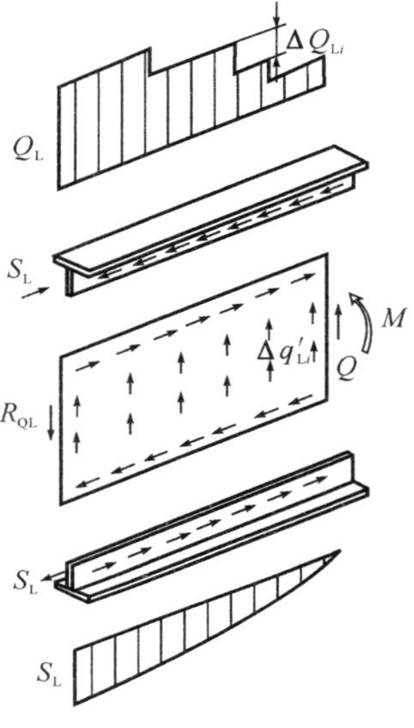

图 5-7　翼梁内部载荷分布

5. 蒙皮上的扭转载荷

由翼肋传递到蒙皮的剪流(用于平衡气动合力点与刚心不重合产生的附加扭矩),由翼尖向翼根传递的过程中逐步累加,在蒙皮上形成阶梯状分布的剪流,使弹翼产生绕刚心的转动,如图 5-8 所示。

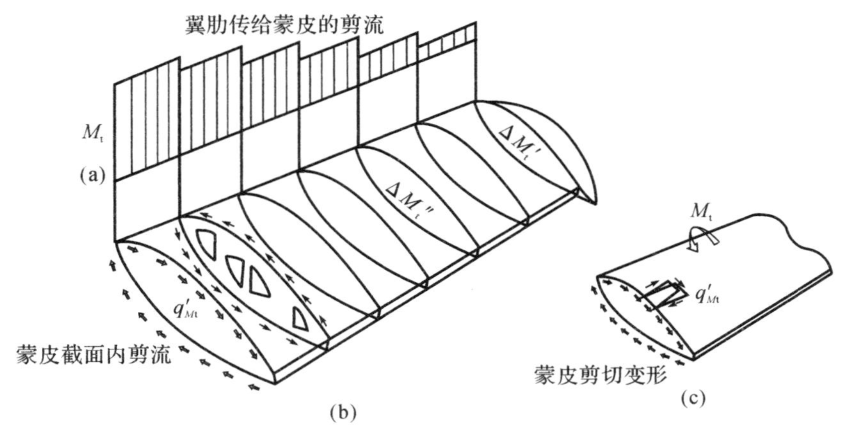

图 5-8　蒙皮内剪流分布

5.1.1.3 单块式结构传力分析

单块式结构的特点是蒙皮较厚、桁条较密，翼梁退化为缘条较弱的纵墙，翼肋数量较少，其中桁条和蒙皮组成翼面壁板。

与梁式结构弯矩主要由翼梁承受不同，单块式弹翼结构的蒙皮较厚、桁条较强而梁较弱，因此弹翼弯矩主要由蒙皮和桁条承担。单块式弹翼结构在气动载荷由蒙皮向桁条、翼肋和翼梁的传递过程与梁式结构基本相同。

由于单块式结构蒙皮和桁条承载能力较强，其承受轴向载荷的能力也较高，因此梁腹板受剪引起的轴向剪流只有较少部分作用在梁缘条上，大部分由蒙皮和桁条组成的壁板承担。梁腹板上的剪流传递到梁缘条上一部分后，其余部分传递到与缘条相连的蒙皮上，然后通过蒙皮受剪传递到邻近的第 1 根桁条附近，部分传递到桁条上，其余继续向第 2 根桁条传递，通过不断传递，蒙皮中剪流逐渐减小，直至剪流全部传递给梁缘条和桁条，翼缘条和桁条承受的轴向剪流由各自的轴力平衡，轴力沿展向呈折线式分布，由外向内逐渐增大，最终由翼根部支反力平衡，如图 5－9 所示。

单块式结构弹翼的蒙皮不仅承受由局部气动力以及弹翼扭转引起的剪流，还要承受由剪力和弯矩引起的拉压应力，使其蒙皮和缘条利用程度比梁式结构弹翼更加充分。

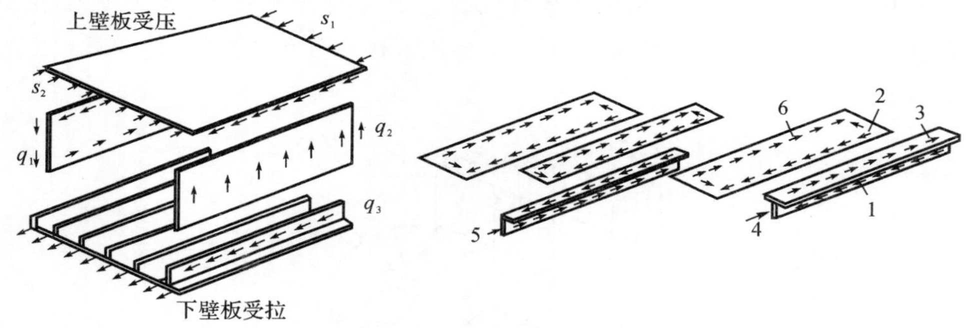

图 5－9　单块式弹翼传力

5.1.1.4 多墙式结构受力分析

多墙式结构的特点是墙较多，蒙皮较厚，一般为变厚度，无桁条，翼肋较少，一般仅有根部、翼尖和集中载荷作用部位设有加强肋。多墙式结构多用于翼剖面结构高度较小的小展弦比翼上，以获得较高的结构效率。

多墙结构的蒙皮被墙分割成多个独立的“带”状蒙皮，每个独立带状蒙皮的气动载荷直接传递给临近的墙腹板，每个腹板上承受的气动力等于该腹板两侧带状蒙皮气动力之和的一半。腹板受气动载荷后引起的轴向剪流全部传给蒙皮，使上、下蒙皮分别承受拉伸和压缩载荷，如图 5－10 所示。腹板承受的剪力传递到弹翼根部翼肋，进而由翼肋与弹身的连接结构传递到弹身上。

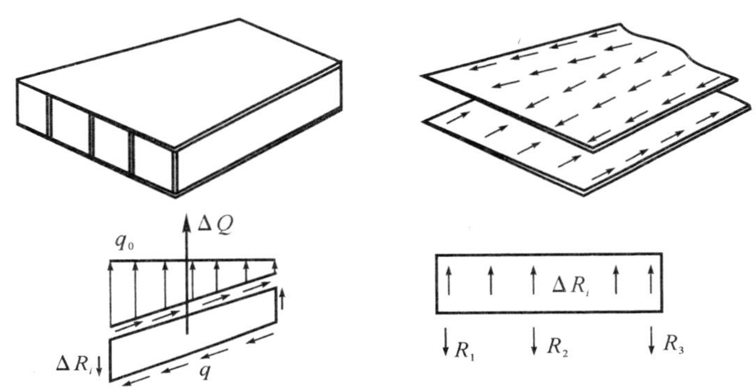

图 5－10　多墙式弹翼传力

5.1.1.5　夹层结构弹翼

夹层结构弹翼由上、下蒙皮和中间的芯层组成，上、下蒙皮与芯层通常采用钎焊或胶接等连接方法。芯层有蜂窝、轻质材料、波纹板等结构形式，且芯层中可以有翼梁、翼肋等加强结构。

由气动载荷引起的弹翼弯矩由上、下蒙皮分别承受拉压的方式向翼根部传递，翼面剪力以芯层受剪的方式向翼根部传递，如图 5－11 所示。夹层结构蒙皮与芯层的连接可近似视为面连接，使得蒙皮在垂直方向的刚度获得提高，即蒙皮的稳定性得以明显改善。由气动载荷引起的弹翼扭矩主要由蒙皮组成的闭室以剪切形式传递。

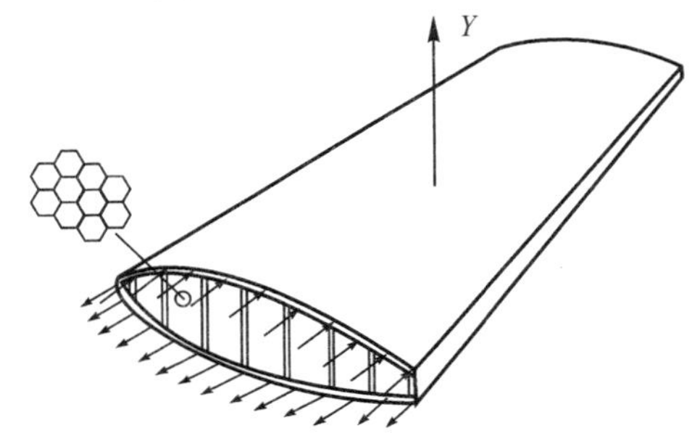

图 5－11　夹层结构式弹翼传力

5.1.2 弹身典型结构传力分析

5.1.2.1 弹身结构的组成元件及其功用

弹身结构组成与弹翼相似，是由纵向骨架、横向骨架以及蒙皮组合而成的。其中纵向骨架指沿弹身纵轴方向布置的结构件，包括长桁、桁梁；横向骨架指垂直于弹身纵轴的结构件，主要是隔框。弹身结构各元件的功用相应地与弹翼结构中的长桁、翼肋、蒙皮的功用基本相同。

弹身与弹翼的结构和受力的不同之处。

(1)弹翼由于受到翼形的限制，其在垂直翼面方向的尺寸远小于弹翼的弦长和展长，因此在垂直于翼面方向的刚度较小；弹身截面多为圆形、椭圆形、矩形等形状，在垂直方向和水平方向的弯曲刚度相差不大。

(2)弹翼的载荷主要为分布在整个翼面上的气动力，而弹身载荷除气动力外，更为主要的载荷是由机动过载引起的惯性力。

(3)弹翼的翼梁能够承受弯矩，而弹身的梁只承受轴向载荷。

(4)弹身存在较大的轴向力，而弹翼沿翼展方向的载荷较小，一般忽略。

由于弹身与弹翼在结构和受力上的不同之处，因此其分析方法有所差异。弹翼的受力分析一般从蒙皮承受气动力开始，然后分析载荷在弹翼内部元件(桁、肋、梁(墙))中的传递，最终传递到弹身上。弹身的受力分析主要从隔框和纵梁承受惯性集中载荷开始，分析集中载荷在弹身内的传递，直至载荷被来自弹翼或支撑部位的支反力平衡为止。

首先分析弹身各组成元件的受力特点。

1.隔框

隔框的功能与弹翼中翼肋的功能相似，可分为普通框与加强框两大类。

普通框用来向蒙皮和桁条提供支持，提高其稳定性，维持弹身的气动外形。一般沿弹身周边空气压力为对称分布(见图 5-12)，此时气动力在框上自身平衡。普通框一般都设计成环形框，当弹身为圆截面时(见图 5-13(a))，气动力引起的普通框内力为环向拉应力或压应力；当弹身截面为有局部接近平直段的圆形(见图 5-13(b))或矩形(见图 5-13(c))时，在平直段内就会产生局部弯曲内力。此外，普通框还受到因弹身弯曲变形引起的分布压力 p(见图 5-14)，p 在框内部自平衡。

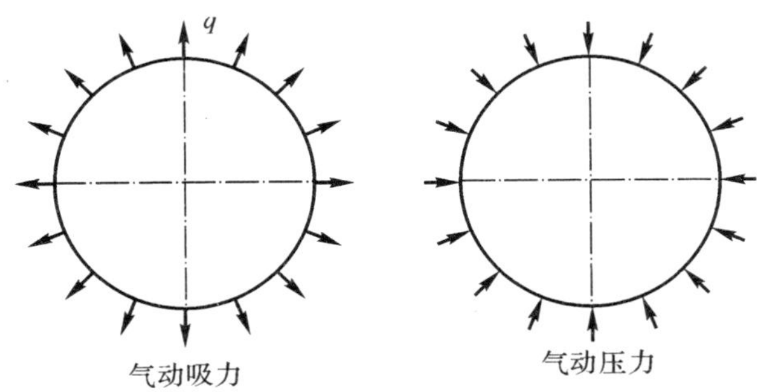

图 5-12　弹身气动力分布

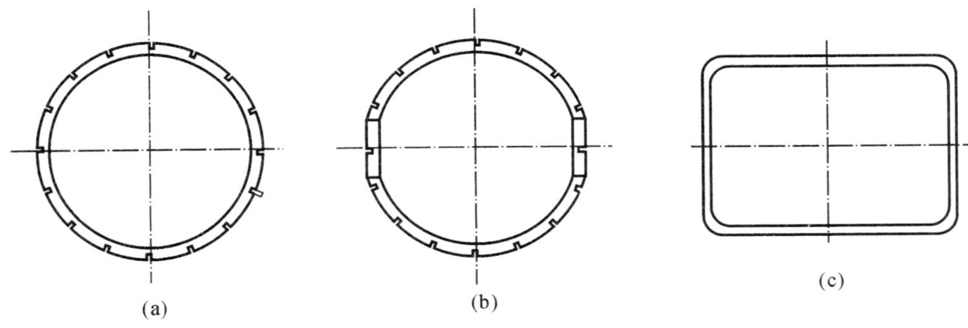

图 5-13　弹身普通框

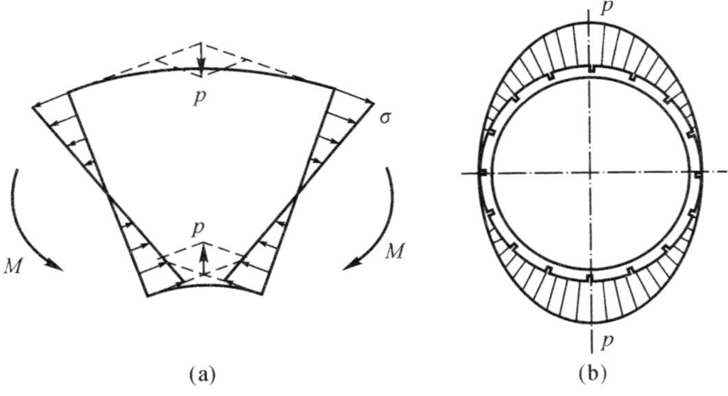

图 5-14　弹身弯矩引起的普通框载荷

加强框除普通框的作用外，其主要功用是将惯性集中力和其他部件传到弹身结构上的集中力加以扩散，然后将拉力和弯矩以正应力形式传递给桁梁或桁条，剪切力以剪流的形式传给蒙皮。一般在舱段的前、后对接面上都采用加强框将相邻舱段传来的螺钉和定位销集中载荷扩散到桁梁(桁条)和蒙皮上,如图 5-15 所示。

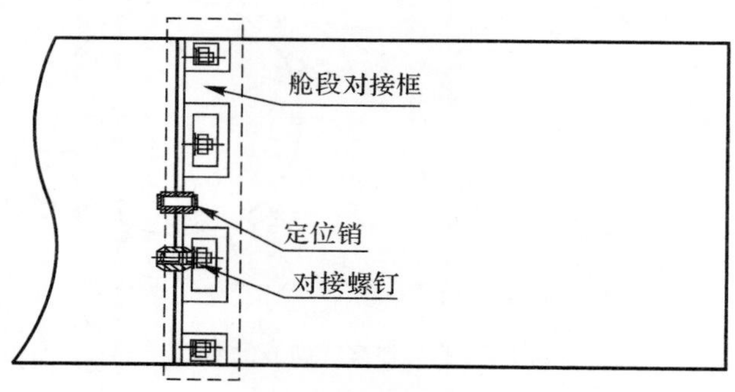

图 5-15 舱段对接框

2. 长桁

长桁是弹身结构的重要纵向构件,主要用以承受弹身轴向载荷和弯曲载荷产生的轴力。此外,长桁可以提高蒙皮刚度,承受作用在蒙皮上的部分气动力并传给隔框,减小蒙皮在气动载荷下的变形,提高蒙皮的受压、受剪失稳临界应力,与弹翼的长桁相似。

3. 桁梁

桁梁的作用与长桁基本相同,不同点在于其截面积比长桁大,传递轴向力和弯矩的能力比长桁强。

4. 蒙皮

弹身蒙皮的作用是维持弹身的气动外形,并保持表面光滑,因此它承受局部气动力。蒙皮在弹身总体受载中,与长桁共同承担由于整体弯曲和轴向力引起的正应力,并独立承担剪力和扭矩引起的全部剪应力。

5.1.2.2 桁梁式

桁梁式弹身结构特点是有多根纵梁,且梁的截面面积很大,一般占弹身全部截面面积的主要部分,是承受弯矩和轴向力的主要结构件,如图 5-16(a)所示。桁梁式弹身结构上长桁的数量较少而且较弱,甚至长桁可以不连续,蒙皮较薄,一般只用于承受局部气动载荷、剪力和扭矩,蒙皮和长桁只承受很小部分的轴力,因此在强度计算建模时一般按照桁梁承担全部轴向力和弯矩,蒙皮承担剪力和扭矩对结构进行简化。从其受力特点可以看出,由于梁在传递弯矩和轴向载荷时发挥主要作用,因此在梁之间布置窗口不会显著降低弹身的弯曲(和拉伸)强度和刚度。虽然因窗口会减小结构的抗剪强度与刚度而必须补强,但相对桁条式(见图 5-16(b))和硬壳式(见图 5-16(c))来说,同样的窗口,桁梁式补强引起的质量增加较少。

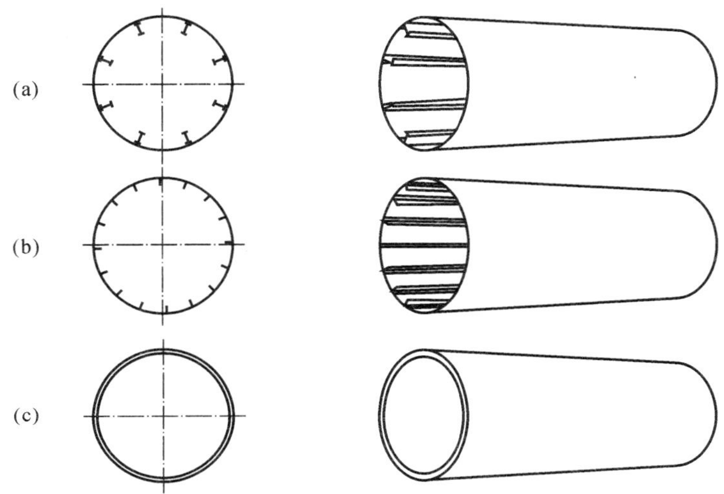

图 5-16　弹身结构典型受力形式

(a)桁梁式；(b)桁条式；(c)硬壳式

5.1.2.3　桁条式

桁条式弹身的特点是长桁较多、较强，蒙皮较厚，弯曲引起的轴向力将由桁条与较厚的蒙皮共同承受；剪力和扭矩全部由蒙皮承受。由于蒙皮较厚，桁条式弹身的弯、扭刚度（尤其是扭转刚度）比桁梁式大，并且在气动力作用下蒙皮的局部变形也小，有利于改善气动性能。从其受力特点可以看出，弹体上如果设计大窗口，必然会切断部分桁条，导致传力路径被截断，窗口补强增重较大，因此不宜开大窗口。

桁条式和桁梁式统称为半硬壳式弹身，现代制导炸弹很多都采用半硬壳式结构，由于桁条式具有较高弯、扭刚度的优点，只要弹身没有很大的窗口，多数采用桁条式结构。

5.1.2.4　硬壳式

硬壳式弹身结构是由蒙皮与少数隔框组成的。其特点是没有纵向构件，蒙皮厚。由厚蒙皮承受弹身总体拉、弯、剪、扭引起的全部轴力和剪力。隔框用于维持弹身截面形状，支持蒙皮和承受、扩散框平面内的集中力。硬壳式弹身结构实际上用得很少，原因在于弹身的相对载荷较小，而且弹身有时不可避免要大窗口，会使蒙皮材料的利用率较低，窗口补强增重较大。因此一般只在弹身结构中某些气动载荷较大、要求蒙皮局部刚度较大的部位采用。

5.1.2.5 弹身结构中集中力的传力分析

弹身结构的受力分析方法与弹翼类似，不同点在于弹身存在集中力。本小节根据弹身结构的承担集中载荷的受力特点，以作用在加强框上的集中力为例，对集中力的传力方式进行分析。

图 5-17 表示桁条式弹身的一个舱段对接框（加强隔框），它和相邻舱段相连接，受到由相邻舱段传来的集中载荷 P_y。该框受力后，要有向上移动的趋势，桁条对此起不了直接的限制作用，而由蒙皮通过沿框缘的连接铆钉给隔框以支反剪流 q。q 的分布与弹身的受力形式，即与框平面处弹身壳体上受正应力的元件的分布有关。对桁条式弹身，如果假定只有桁条承受正应力，蒙皮只受剪切，则剪流沿周缘按阶梯形分布（见图 5-17(a)）。实际上由于桁条式弹身蒙皮也受正应力，因此在两桁条间的剪流值将不是等值，而是成曲线分布的（见图 5-17(b)）。由于蒙皮与桁条连接，蒙皮因剪流 q 受剪时将由桁条提供轴向支反剪流平衡，也即蒙皮上的剪流 q 将引起桁条上产生拉、压的轴向力，如图 5-17(c)所示。由图 5-17(c)可知蒙皮 2 的剪流比蒙皮 1 上的剪流小，所以使蒙皮 1,2 间的桁条受拉。同理，蒙皮 1′,2′之间的桁条则受压。载荷 P_y 在弹身结构中传递时，弹体剖面上各长桁上的轴力分布如图 5-17(d)所示。

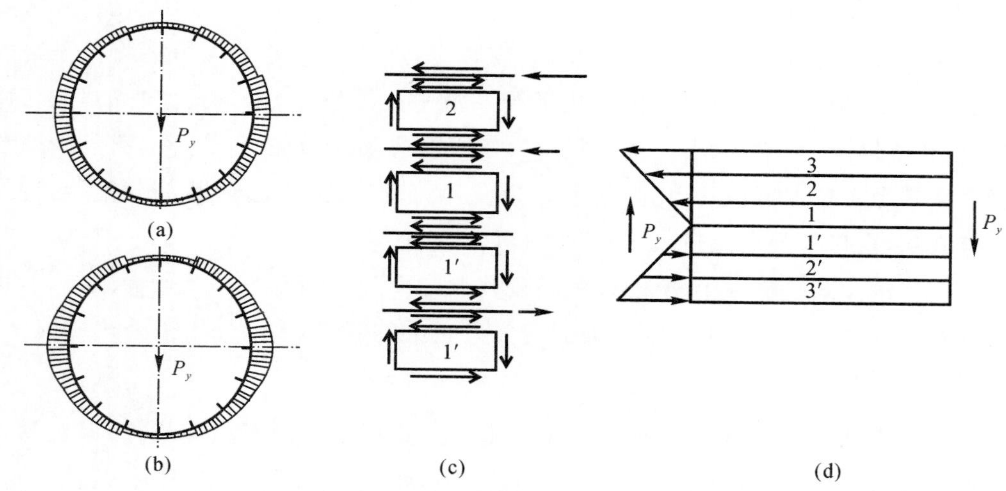

图 5-17 集中力在桁条式弹体框平面内的传递

桁梁式弹身蒙皮上的剪流分布如图 5-18 所示，弯矩由桁梁上的轴力来平衡。由此可见，桁梁与弹翼中的梁不同，弹身中的桁梁只相当于翼梁的缘条，而弹身的蒙皮则相当于翼梁的腹板。

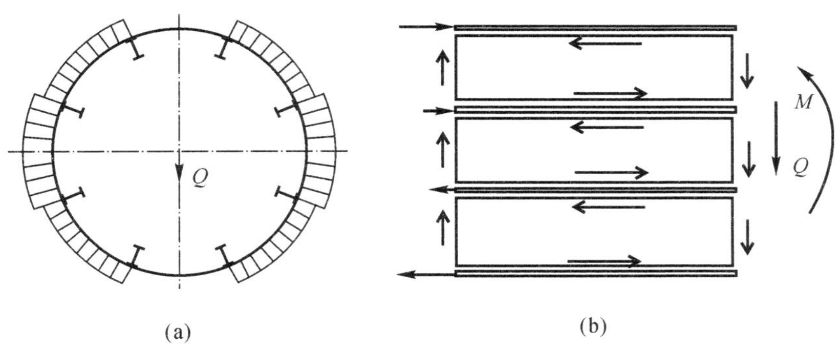

图 5－18　集中力在桁梁式弹身框平面内的传递

由上面的分析可知，在框平面内作用有集中力时，首先由加强框将集中力扩散，以剪流形式传给蒙皮，剪流在蒙皮中传递时，其合力 Q 通过蒙皮连续向前传递。弯矩 M 则以桁条（梁）承受轴向拉、压载荷的形式向前传递。框平面内受有集中力时，支反剪流的分布、大小只与弹身内部受正应力的元件分布有关，即与是由桁条、桁梁、或是蒙皮受正应力有关，而与加强框本身的结构形式无关。

此外，作用在弹身上的扭矩，通过加强框传给蒙皮后，以蒙皮承剪形式在蒙皮中传递，且不会引起桁条（或桁梁）内的轴力，即与弹身结构受正应力的元件无关。如果加强框上作用有沿弹体轴向的集中力作用，则需要布置相应的纵向元件，将集中力扩散后再在结构中传递。

5.2　结构受力计算

在结构总体设计阶段，结构受力计算主要是对结构总体布局的受力状态进行分析，不涉及结构细节计算，因此计算时可忽略结构细节。无论是弹翼还是弹体，都是长细比较大的结构形式，为减少工作强度，计算时一般均按照工程梁理论进行分析，其计算结果的精度可以满足结构总体设计阶段的要求。

5.2.1　结构应力计算

5.2.1.1　弹翼结构应力计算

1. 梁式弹翼

弹翼结构应力分析时，梁式结构可以简化成由杆元和剪切板元组成的力学模型，如图

5-19所示。图5-19(b)中圆点为具有集中面积而承受正应力的杆元,杆元之间为承受剪应力的剪切板元。杆元集中面积为梁、蒙皮和梁腹板等元件的折算面积之和,板元厚度为蒙皮的实际厚度。

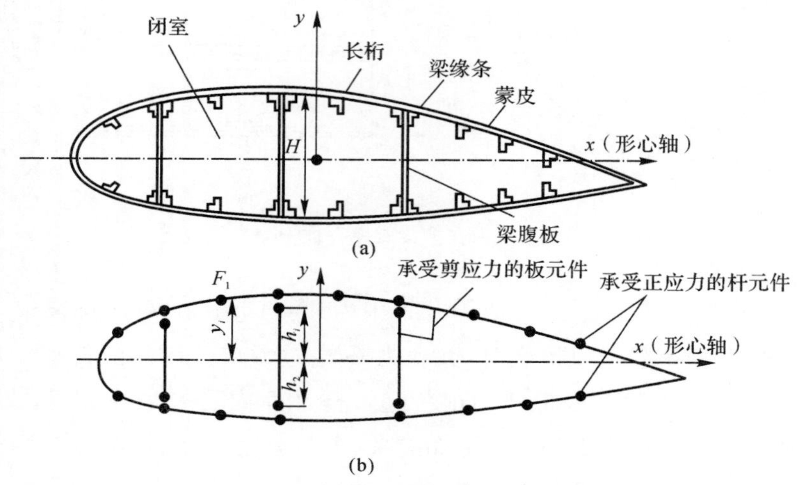

图5-19　桁梁式弹翼简化模型

(1)截面正应力。按上面所述基本原则,弹翼截面正应力为

$$\sigma=\frac{M}{\sum_{j=1}^{n} f_j y_j^2} y_i \tag{5-3}$$

式中　M—— 弹翼截面弯矩;

f_j——j 杆截面面积;

y_j——j 杆至弹翼截面中性轴的距离;

n—— 梁数量。

由于梁式弹翼蒙皮较薄,纵向载荷主要由梁和桁条承担,因此在总体设计阶段,杆元截面面积计算时可忽略蒙皮和梁腹板,只考虑梁缘条和桁条,计算结果偏向保守。

(2)截面剪应力。截面剪应力由横向剪力引起的,横向剪力合力 Q 一般不通过弹翼横截面的刚心,因此当横向剪力向刚心简化时,相当于在刚心作用一个剪力 Q,同时作用一个附加扭矩 M。

作用在刚心上的剪力 Q 由梁腹板承担,并按照腹板的抗弯刚度分配到各个腹板上,每个腹板上作用的横截面剪力为

$$Q_i = \frac{E_i I_i}{\sum_{j=1}^{n} E_j I_j} Q \tag{5-4}$$

式中　E_i——第 i 根梁弹性模量；

I_i——第 i 根梁相对于自身形心主轴的惯性矩。

随后，蒙皮和梁腹板中的剪应力可按下式计算获得，有

$$\tau_{1,i} = \frac{Q_i S_z}{I_i \delta} \tag{5-5}$$

式中　S_z——梁腹板剪应力计算点以外部分对腹板中性轴的静矩；

I_i——第 i 根梁腹板的惯性矩；

δ——腹板厚度。

如梁腹板为矩形截面，则腹板最大剪应力为

$$\tau_{\max,i} = \frac{3}{2} \frac{Q_i}{\delta h} \tag{5-6}$$

式中，h 为梁腹板高度。

即最大剪应力为平均剪应力的 1.5 倍。

扭矩引起的剪应力通常假定由上、下蒙皮和梁腹板组成的各闭室共同承担，扭矩按各闭室的扭转刚度分配，各闭室分配的扭矩为

$$M_{T,i} = \frac{k_i}{\sum_{j=1}^{n} k_j} M_T \tag{5-7}$$

式中，k_i 为第 i 个闭室的扭转刚度。

闭室扭转刚度可按下式计算，有

$$k_i = \frac{\Omega_i^2}{\oint \frac{1}{G\delta} \mathrm{d}s} \tag{5-8}$$

式中　Ω_i——第 i 闭室周线所围面积的两倍；

δ——闭室周线上蒙皮或梁腹板的厚度；

G——蒙皮或梁腹板材料的剪切模量。

计算出各闭室扭转刚度，并进而获得各闭室扭矩后，闭室剪流可按下式计算，有

$$q_i = \frac{M_{T,i}}{k_i} \tag{5-9}$$

各闭室剪流分布如图 5-20 所示。

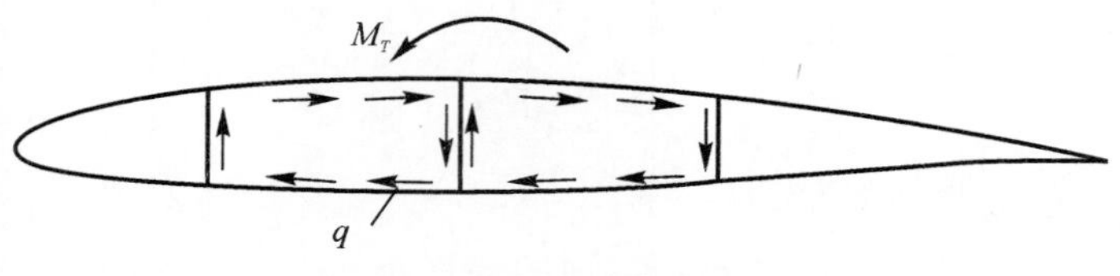

图 5-20　弹翼各闭室剪流分布

由图 5-20 可见，两相邻闭室在中间梁腹板上的剪流方向相反，考虑到中间梁腹板承受两闭室剪流差，因此一般忽略掉中间梁腹板的作用，近似地认为扭矩由弹翼上、下蒙皮和前、后梁腹板组成的闭室来承担，如图 5-21 所示。此时弹翼剪流分布为

$$q=\frac{M_T}{\Omega} \tag{5-10}$$

式中，Ω 为由上、下蒙皮和前、后梁腹板所围闭室面积的两倍。

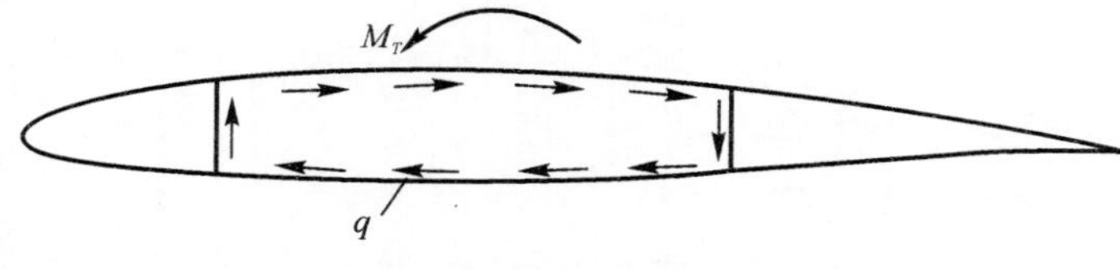

图 5-21　弹翼剪流分布

因此，由扭矩引起的蒙皮剪应力为

$$\tau_2=\frac{q}{\delta} \tag{5-11}$$

在扭矩和剪力的联合作用下，弹翼蒙皮或梁腹板的总剪应力等于由扭矩引起的剪应力和由剪力引起的剪应力之和，即

$$\tau=\tau_1+\tau_2 \tag{5-12}$$

2. 单块式弹翼

单块式弹翼弯矩由蒙皮和桁条(梁缘条）承担，按 5.1.1.3 节所述基本原则，弹翼截面正应力为

$$\sigma=\frac{M}{I_z+\sum_{i=1}^{n} f_i y_i^2}y \tag{5-13}$$

式中　M——弹翼截面弯矩；

I_z——蒙皮惯性矩；

f_i——i 桁条(或梁缘条）截面面积；

y_i——i 桁条(或梁缘条)至弹翼截面中性轴的距离；

y——应力计算点至弹翼截面中性轴的距离。

单块式弹翼剪应力计算方法与梁式弹翼基本相同，可参照梁式弹翼剪应力计算方法求解。

3. 多墙式弹翼和夹层结构弹翼

多墙式弹翼和夹层结构弹翼的弯矩主要由蒙皮承担，因此弹翼截面正应力为

$$\sigma=\frac{M}{I_z}y \tag{5-14}$$

式中　M——弹翼截面弯矩；

I_z——蒙皮惯性矩；

y——应力计算点至弹翼截面中性轴的距离。

多墙式弹翼和夹层结构弹翼的剪应力计算方法与梁式弹翼基本相同，可参照梁式弹翼剪应力计算方法求解。

5.2.1.2　弹身结构应力计算

1. 桁梁式

根据弹身传力特点，桁梁式弹身的受力特点是弯矩和轴向力主要由梁来承担，剪力和扭矩全部由蒙皮承担。因此，梁截面正应力为

$$\sigma=\frac{M}{\sum_{j=1}^{n} f_j y_j^2}y_i+\frac{N}{\sum_{j=1}^{n} f_j} \tag{5-15}$$

式中　M——弹身截面弯矩；

N——弹身截面轴向力；

f_j——j 梁截面面积；

y_j——j 梁至弹身截面中性轴的距离；

n——梁数量。

蒙皮剪应力为

$$\tau=\frac{QS_Z}{2\sum_{j=1}^{n} f_j y_j \delta}+\frac{M_T}{2A\delta} \tag{5-16}$$

式中　Q——弹身截面横向剪力；

S_Z——剪应力计算位置外侧、承受正应力的梁对中性轴的静矩；

M_T——弹身截面扭矩；

A—— 蒙皮所围面积；

δ—— 蒙皮厚度。

剪应力分布如图 5－22 所示。

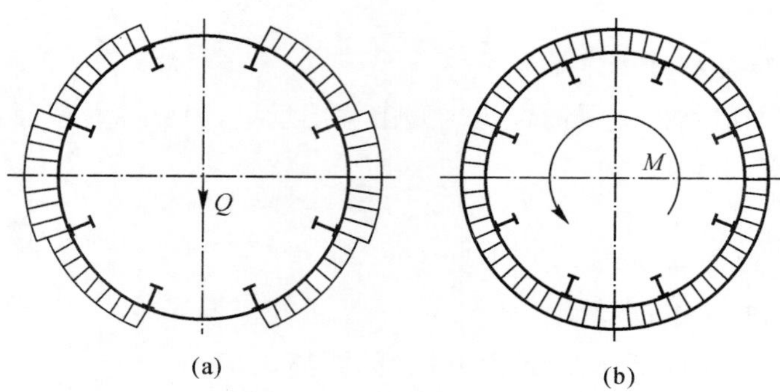

图 5－22　桁梁式弹身蒙皮剪应力分布图

(a) 剪切力引起的剪应力分布；(b) 扭矩引起的剪应力分布

2. 桁条式

桁条式弹身的受力特点是弯矩和轴向力主要由桁条和蒙皮共同承担，剪力和扭矩仍全部由蒙皮承担。

弹身截面正应力为

$$\sigma = \frac{M}{\sum_{j=1}^{n} f_j y_j^2 + I_s} y_i + \frac{N}{\sum_{j=1}^{n} f_j + A_s} \tag{5-17}$$

式中　M—— 弹身截面弯矩；

N—— 弹身截面轴向力；

f_j——j 桁条截面面积；

y_j——j 桁条至弹身截面中性轴的距离；

I_s—— 蒙皮对中性轴惯性矩；

A_s—— 蒙皮截面面积；

n—— 桁条数量。

蒙皮剪应力为

$$\tau = \frac{QS_Z}{2\left(\sum_{j=1}^{n} f_j y_j + I_s\right)\delta} + \frac{M_T}{2A\delta} \tag{5-18}$$

式中　Q—— 弹身截面横向剪力；

S_Z—— 剪应力计算位置外侧、承受正应力的桁条和蒙皮对中性轴的静矩；

M_T—— 弹身截面扭矩；

A—— 蒙皮所围面积；

δ—— 蒙皮厚度。

剪应力分布如图 5－23 所示。

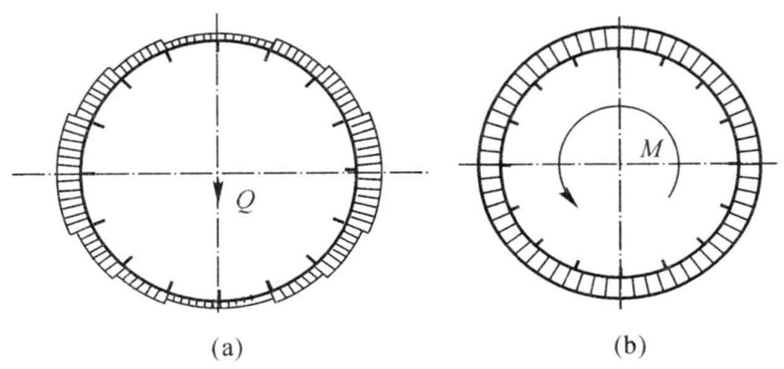

图 5－23　桁条式弹身蒙皮剪应力分布图

(a) 剪切力引起的剪应力分布；(b) 扭矩引起的剪应力分布

3. 硬壳式

硬壳式弹身由于没有梁或桁条，所以全部弯矩、扭矩和剪力均由较厚的蒙皮承担。

梁截面正应力为

$$\sigma=\frac{M}{I_s}y_i+\frac{N}{A_s} \tag{5-19}$$

蒙皮剪应力为

$$\tau=\frac{QS_Z}{2I_s\delta}+\frac{M_T}{2A\delta} \tag{5-20}$$

式中　Q—— 弹身截面横向剪力；

S_Z—— 剪应力计算位置外侧、承受正应力的蒙皮对中性轴的静矩；

M_T—— 弹身截面扭矩；

A—— 蒙皮所围面积；

δ—— 蒙皮厚度。

对于圆剖面硬壳式弹身，由剪力引起的蒙皮内部剪应力分布为

$$\tau=\frac{Q}{\pi R\delta}\sin\theta \tag{5-21}$$

式中　R—— 弹身剖面半径；

δ—— 蒙皮厚度；

θ—— 剖面上静矩为零的点到应力计算点的圆弧对应的中心角。

剪应力分布如图 5 - 24 所示。

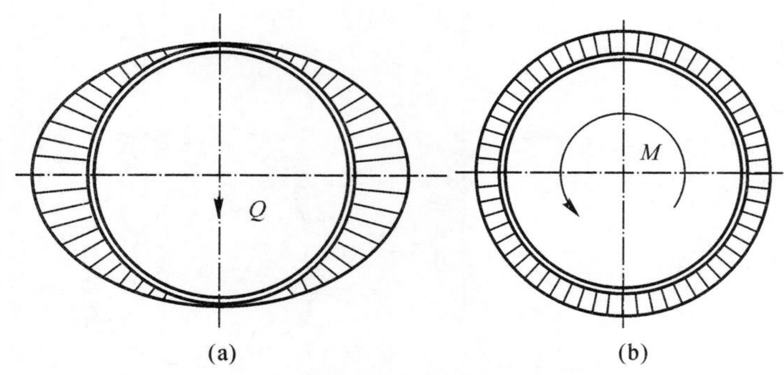

图 5 - 24　硬壳式弹身蒙皮剪应力分布图

(a) 剪切力引起的剪应力分布；(b) 扭矩引起的剪应力分布

5.2.2　连接件计算

在制导炸弹结构设计中广泛采用连接件，主要包括铆钉和螺钉，铆钉通常用于传递剪力，螺钉既可传递剪力又可传递拉力。

5.2.2.1　铆钉

舱段对接框与蒙皮的连接多采用铆钉，铆钉一般沿弹体周向均匀分布。对于硬壳式结构，舱段对接框通过铆钉将集中载荷(轴向力、弯矩、扭矩以及剪力) 扩散到蒙皮上。

弹体轴向力平均分配到全部铆钉上(见图 5 - 25)，每个铆钉剪力为

$$P_F = F/n \tag{5-22}$$

式中　F—— 弹体轴向力；

n—— 铆钉数量。

弹体总体弯矩引起的铆钉的剪力按与中性轴的距离分配(见图 5 - 26)，则

$$P_M = \frac{My_i}{\sum_{j=1}^{n} y_j^2} \tag{5-23}$$

式中　M—— 弹体总体弯矩；

y_i—— 第 i 颗铆钉距中性轴距离。

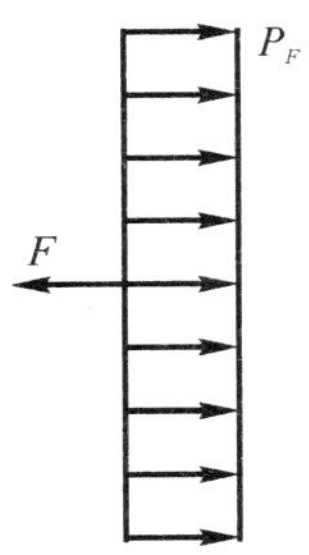

图 5-25　轴向力引起的铆钉剪力

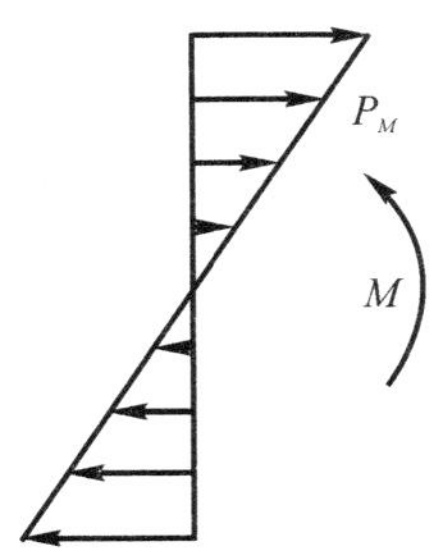

图 5-26　弯矩引起的铆钉剪力

弹体扭矩引起的铆钉剪力分布如图 5-27 所示，每颗铆钉的剪力大小为

$$P_{Mt}=\frac{M_t}{Rn} \tag{5-24}$$

计算弹体横向剪力引起的铆钉剪力时，假定铆钉剪力为铆钉所在位置蒙皮剪应力乘以铆钉间弧长，剪力方向沿蒙皮切向（见图 5-28），则铆钉的剪力计算公式为

$$P_Q=\tau_\theta s\delta=\frac{Q}{\pi R\delta}\sin\theta\times R\alpha\times\delta=\frac{Q}{\pi}\alpha\sin\theta \tag{5-25}$$

式中　τ_θ—— 计算铆钉处蒙皮上的剪应力；

s—— 铆钉间距；

δ—— 蒙皮厚度；

θ—— 计算铆钉对应的中心角；

α—— 铆钉间距对应的中心角。

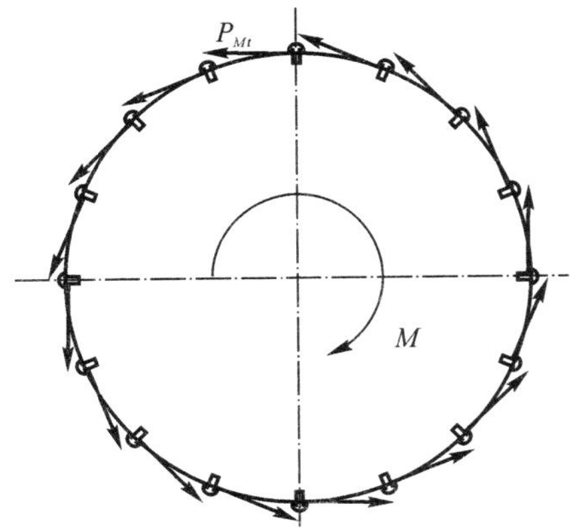

图 5-27　扭矩引起的铆钉剪力

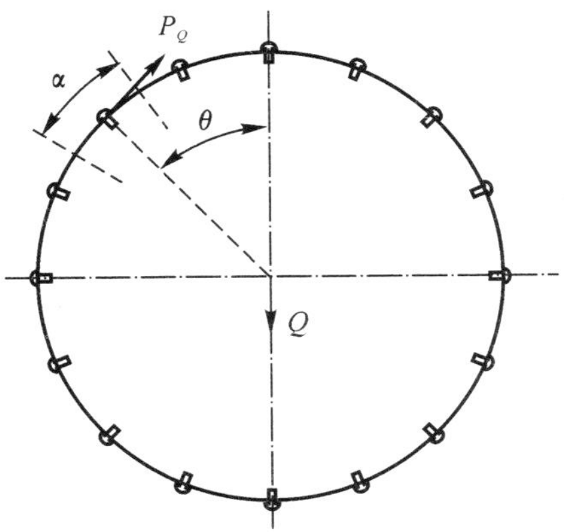

图 5-28　横向剪力引起的铆钉剪力

综上所述，铆钉承受的总载荷为

$$P=\sqrt{(P_N \pm P_M)^2+(P_{Mt} \pm P_Q)^2} \tag{5-26}$$

式中，±，当载荷方向相同时，取+；当载荷方向相反时，取－。

如果在力作用线上有多个铆钉，在弹性范围内铆钉受力是不均匀的，分布形式为中间小，两端大，如图 5-29 所示。

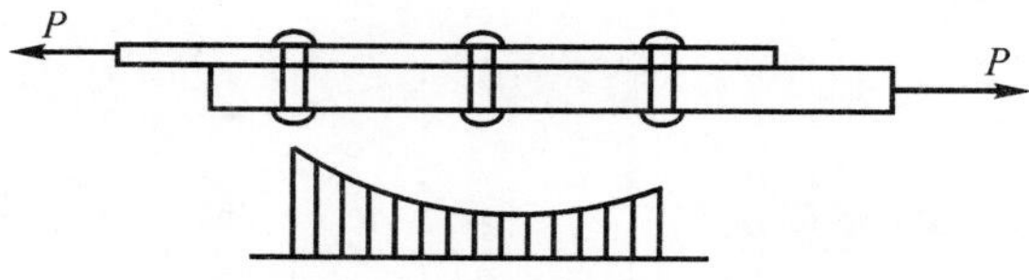

图 5-29　弹性范围铆钉剪力分布

当作用线上铆钉数量较少时，可采用理论计算方法，当铆钉数量为2颗时，不考虑附加弯曲效应（见图 5-30），则上、下两块连接板在铆钉之间部分的变形应协调一致，即

$$\frac{T_{\mathrm{A}} l}{E_2 A_2}=\frac{T_{\mathrm{B}} l}{E_1 A_1}$$

$$\frac{T_{\mathrm{A}}}{T_{\mathrm{B}}}=\frac{E_2 A_2}{E_1 A_1} \tag{5-27}$$

式中　T_{A}——铆钉 A 传递的剪力；

T_{B}——铆钉 B 传递的剪力；

l——铆钉间距；

$E_i A_i$——i 板的拉压刚度。

由计算结果可以看到，载荷按照板的拉压刚度分配到两颗铆钉上，拉压刚度较大的板端部的铆钉传递的剪力较大。当铆钉数量较多时，且考虑附加弯曲效应时，可采用有限元法进行计算。

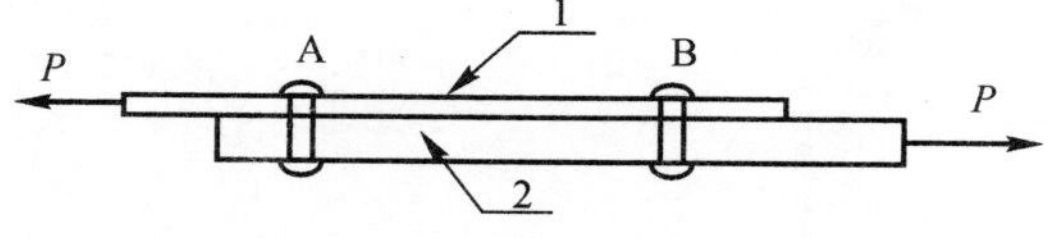

图 5-30　两颗铆钉连接结构

随着载荷增大，铆钉或蒙皮进入塑性，铆钉载荷分配趋于均匀，在计算时可按均匀分配进行处理。

5.2.2.2　螺钉

舱段连接多采用对接和套接，为方便维护，对接面连接件一般采用螺钉连接。采用对

接方式时，螺钉主要传递弯矩和轴向力，每个螺钉轴向载荷为

$$P=\frac{F}{n}+\frac{My_i}{\sum_{j=1}^{n}y_j^2} \tag{5-28}$$

式中　F—— 弹体轴向力；

n—— 螺钉数量：

M—— 舱段对接面弯矩；

y_i—— 螺钉距中性轴距离。

当采用套接方式时，螺钉载荷计算方法与 5.2.2.1 节铆钉计算方法相同。

舱段对接框与蒙皮的连接需设计成可拆卸时，连接件应选用螺钉，此时螺钉载荷的计算方法与铆钉相同。

5.2.3　变形计算

对于制导炸弹结构需要对其刚度进行控制，以保证其变形量满足使用要求。比如 GJB1C—2006 中规定，挂机飞行状态下，弹体在屈服载荷下的变形不得影响载机的机械动作、对气动力特性造成有害影响等；另外制导炸弹在自主飞行阶段弹翼的变形也需要进行限制，防止变形过大对气动特性造成有害影响。一般情况下，弹翼和弹身在长度方向的尺寸大于其在高度和宽度上的尺寸，因此可以按照梁理论对弹翼和弹身的整体变形进行估算。

根据材料力学工程梁理论，在小变形下，梁的变形曲线微分方程为

$$\frac{d^2w}{dx^2}=\frac{M(x)}{EI(x)} \tag{5-29}$$

式中　w—— 梁的变形；

$M(x)$—— 梁上承受的弯矩。

通过对变形曲线微分方程进行积分，可以获得变形和转角的普遍方程。

实际结构中，由于载荷较为复杂，导致对微分方程的积分过程十分烦琐，且实际工程中往往只需要获得某些特定位置的变形量和转角，因此在工程上更多地采用叠加法计算变形。

叠加法原理：在线性、小变形的前提下，当梁上同时承受几种载荷时，每种载荷引起的位移相互独立，不受其他载荷影响，因此可以分别计算各载荷单独作用引起的位移，而后将所有载荷引起的位移求和，即得到载荷共同作用下的结构变形。

表 5-1 为不同约束和载荷状态梁的变形曲线方程、最大转角和变形，可供工程计算查用。

表 5-1 简单载荷作用下梁变形

梁的约束和载荷状态	变形方程	截面转角	最大变形
A, B, M, θ_B, f_B, l	$w=-\frac{Mx^2}{2EI}$	$\theta_B=-\frac{Ml}{2EI}$	$f_B=-\frac{Ml^2}{2EI}$
A, C, B, M, θ_B, f_B, a, l	$w=-\frac{Mx^2}{2EI},0\leqslant x\leqslant a$ $w=-\frac{Ma}{EI}\left[(x-a)+\frac{a}{2}\right]$ $a\leqslant x\leqslant l$	$\theta_B=-\frac{Ma}{2EI}$	$f_B=-\frac{Ma}{2EI}(l-\frac{a}{2})$
A, B, θ_B, f_B, l	$w=-\frac{Px^2}{6EI}(3l-x)$	$\theta_B=-\frac{Pl^2}{2EI}$	$f_B=-\frac{Pl^3}{3EI}$
A, C, B, P, θ_B, f_B, a, l	$w=-\frac{Px^2}{6EI}(3a-x),0\leqslant x\leqslant a$ $w=-\frac{Pa^2}{EI}(3x-a),a\leqslant x\leqslant l$	$\theta_B=-\frac{Pa^2}{2EI}$	$f_B=-\frac{Pa^2}{6EI}(3l-a)$
A, B, q, θ_B, f_B, l	$w=-\frac{qx^2}{24EI}(x^2-4lx+6l^2)$	$\theta_B=-\frac{ql^3}{6EI}$	$f_B=-\frac{ql^4}{8EI}$

续 表

梁的约束和载荷状态	变形方程	截面转角	最大变形
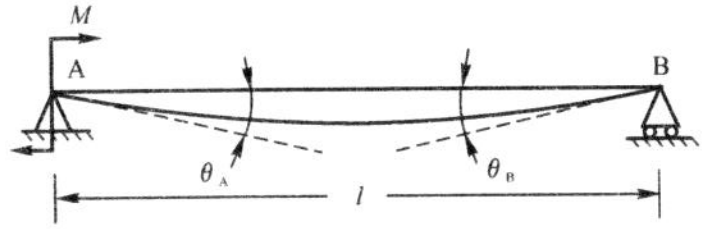	$w=-\dfrac{Mx}{6EIl}(l-x)(2l-x)$	$\theta_A=-\dfrac{Ml}{3EI}$ $\theta_B=-\dfrac{Ml}{6EI}$	$f_{\max}=-\dfrac{Ml^2}{9\sqrt{3}EI},x=0.423l$ $f_{\frac{l}{2}}=-\dfrac{Ml^2}{16EI},x=\dfrac{l}{2}$
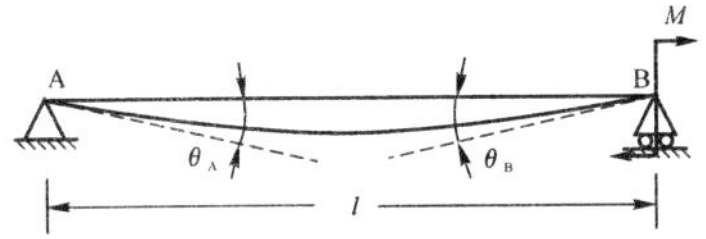	$w=-\dfrac{Mx}{6EIl}(l^2-x^2)$	$\theta_A=-\dfrac{Ml}{6EI}$ $\theta_B=-\dfrac{Ml}{3EI}$	$f_{\max}=-\dfrac{Ml^2}{9\sqrt{3}EI},x=0.577l$ $f_{\frac{l}{2}}=-\dfrac{Ml^2}{16EI},x=\dfrac{l}{2}$
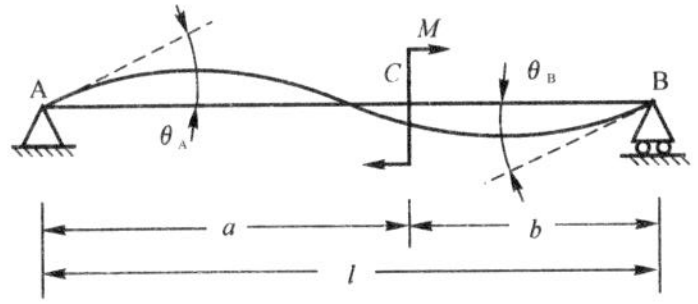	$w=-\dfrac{Mx}{6EIl}(l^2-3b^2-x^2)$ $0\leqslant x\leqslant a$ $w=-\dfrac{M}{6EIl}[-x^3+3l(x-a)^2+x(l^2-3b^2)],a\leqslant x\leqslant l$	$\theta_A=-\dfrac{Ml}{6EI}(l^2-3b^2)$ $\theta_B=\dfrac{Ml}{6EI}(l^2-3a^2)$	
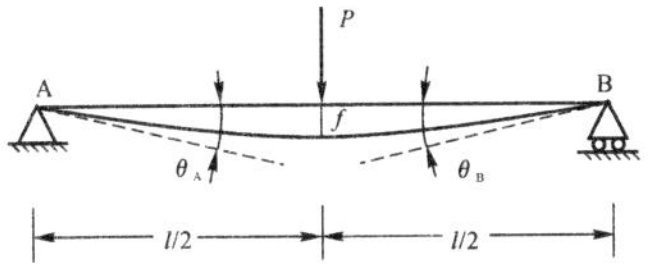	$w=-\dfrac{Px}{48EI}(3l^2-4x^2)$ $0\leqslant x\leqslant\dfrac{l}{2}$	$\theta_A=\theta_B=-\dfrac{Pl^2}{16EI}$	$f=-\dfrac{Pl^3}{48EI}$
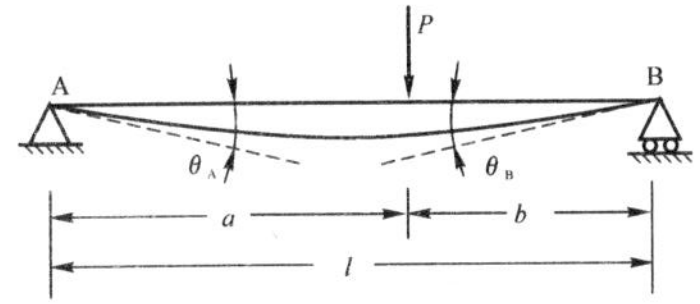	$w=-\dfrac{Pbx}{6EIl}(l^2-b^2-x^2)$ $0\leqslant x\leqslant a$ $w=\dfrac{-P}{6EIl}\left[\left(\dfrac{1}{b}-1\right)x^3+3ax^2+\left(l^2-b^2-\dfrac{3a^2}{b}\right)\right],a\leqslant x\leqslant l$	$\theta_A=-\dfrac{Pab}{6EIl}(l+b)$ $\theta_B=\dfrac{Pab}{6EIl}(l+a)$	$f_{\max}=-\dfrac{Pb(l^2-b^2)^{1.5}}{9\sqrt{3}EIl}$ $x=\sqrt{\dfrac{l^2-b^2}{3}}$ $f_{\frac{l}{2}}=-\dfrac{Ml^2}{16EI},x=\dfrac{l}{2}$
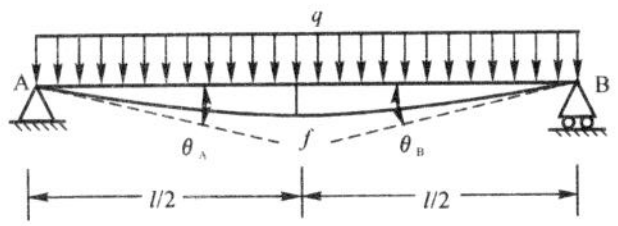	$w=-\dfrac{qx}{24EI}(l^2-2lx^2+x^2)$	$\theta_A=\theta_B=-\dfrac{ql^3}{24EI}$	$f=-\dfrac{5Pl^4}{384EI}$

5.2.4 有限元法

有限元法(Finite Element Analysis)是利用数学近似的方法,通过采用简单而又相互联系的元素(单元),用有限数量的未知量去逼近无限未知量的真实物理系统。其基本思想是将连续的求解区域离散为一组有限数量、按一定规则相互联系的单元。利用单元内假设的近似函数,分片地表述求解域上待求解的未知场函数。单元内的近似函数通常由未知场函数或其导数在各个节点的数值和其插值函数表达。这样,未知场函数或其导数在各个节点上的数值就成为新的未知量(即自由度),从而使连续的无限自由度问题转换为离散的有限自由度问题。求得各个节点上的未知量后,即可通过插值函数获得各个单元内场函数的近似值,进而获得整个求解域的近似解。有限元不仅计算精度高,而且能适应各种复杂形状,因而成为行之有效的工程分析方法。

有限元法起源于航空工程飞机结构分析的矩阵分析,应用于航空器的结构强度计算,并由于其方便性、实用性和有效性而引起从事力学研究的科学家和工程师的广泛关注。随着计算机技术的发展和有限元理论的日趋完善,有限元分析软件在计算速度、计算精度、前后处理能力和应用领域等方面都取得了巨大的进展,已经成为工程领域重要的工具,基本上能够解决所有的结构分析问题,并且已从结构工程强度分析计算扩展到几乎所有的科学技术领域,成为一种应用广泛并且实用、高效的数值分析方法。常用的典型通用有限元程序有 Nastran,Ansys,Abaqus,Hyperworks 等。

在传力路径分析基础上,通过使用有限元分析软件,对制导炸弹结构进行合理的简化、建模、分析,可以比理论算法更加准确、直观、有效地获得结构内部的应力分布和结构变形,大大降低力学分析人员的工作强度,提高工作效率。但如果不能正确建立有限元模型,不但不能得到合理的精度和计算速度,有时甚至会得到错误结果,给分析人员造成误导,导致严重后果。为保证建立的模型能够更加准确地符合实际,有限元建模时应遵循下述原则。

1) 保持传力路径不发生改变;

2) 网格密度应能反映应力的梯度变化;

3) 根据结构特点选择合适的单元类型;

4) 单元的连接应能反映结构的真实连接;

5) 约束应能反映结构真实的支持条件;

6) 载荷简化不应越过主受力部件;

7) 质量的分布应满足质心、转动惯量的等效要求;

8）阻尼应符合能量等价原理。

有关有限元建模理论和软件使用方面的知识读者可以参阅相关教材。

5.3　强度准则

强度准则是判断结构强度是否符合要求的方法，合理选择强度准则对强度判断结果十分重要。本节主要介绍几种常用的强度准则，并给出其适用范围。

5.3.1　强度准则

5.3.1.1　第一强度理论

第一强度理论又称最大拉应力理论，认为最大拉应力是引起材料破坏的主要因素，即不论何种应力状态下，只要结构中的 3 个主应力中最大的拉应力 σ_1 达到材料单向拉伸破坏时的强度极限 σ_b，结构就会沿最大拉应力所在截面发生破坏。按此理论，材料破坏条件为

$$\sigma_1 = \sigma_b$$

因此按第一强度理论建立的强度条件为

$$\sigma_1 \leqslant \sigma_b \tag{5-30}$$

试验表明：脆性材料在二向或三向拉伸断裂时，最大拉应力理论与试验结果接近。

5.3.1.2　第二强度理论

第二强度理论又称最大伸长线应变理论，认为最大伸长线应变是引起破坏的主要因素，即不论何种应力状态下，只要结构的最大伸长线应变 ε_1 达到材料单向拉伸破坏时的最大拉应变 ε_b，结构就会发生破坏。按此理论，材料破坏条件为

$$\varepsilon_1 = \varepsilon_b$$

由广义虎克定律，得

$$\varepsilon_1 = [\sigma_1 - \mu(\sigma_2 + \sigma_3)]/E$$

$$\varepsilon_b = \sigma_b / E$$

式中　E——弹性模量；

μ——泊松比；

$\sigma_1, \sigma_2, \sigma_3$——第一、第二、第三主应力。

因此按第二强度理论建立的强度条件为

$$\sigma_1-\mu(\sigma_2+\sigma_3)\leqslant\frac{\sigma_b}{n} \tag{5-31}$$

试验表明：某些脆性材料在双向拉伸-压缩应力状态下，且压应力超过拉应力时，最大伸长线应变理论与试验结果符合较好。

5.3.1.3 第三强度理论

第三强度理论又称最大剪应力理论，认为最大剪应力 τ_{max} 是引起材料破坏的主要因素，即不论何种应力状态下，只要结构中最大剪应力 τ_{max} 达到材料的剪切破坏极限 τ_b，结构即发生破坏。按此理论，材料破坏条件为

$$\tau_{max}=\tau_b$$

按照应力分析的相关结果，当 $\sigma_1>\sigma_2>\sigma_3$ 时，有

$$\tau_{max}=\frac{\sigma_1-\sigma_3}{2}$$

当材料单向拉伸破坏时，有

$$\tau_b=\frac{\sigma_1-\sigma_3}{2}=\frac{\sigma_b-0}{2}=\frac{\sigma_b}{2}$$

因此按第三强度理论建立的强度条件为

$$\sigma_1-\sigma_3<\sigma_b \tag{5-32}$$

对应塑性材料，该理论与试验结果符合得较好，因此主要用于塑性材料。该理论的不足在于未考虑中间主应力 σ_2 的影响。

5.3.1.4 第四强度理论

第四强度理论又称形状改变比能理论，认为形状改变比能 u 是引起材料破坏的主要因素，即不论处于何种应力状态，只要结构中的最大形状改变比能达到单向拉伸破坏时的形状改变比能 u_b，结构即发生破坏。按此理论，材料破坏条件为

$$u=u_b$$

根据材料力学相关推导，有

$$u=\frac{1+\mu}{6E}[(\sigma_1-\sigma_2)^2+(\sigma_2-\sigma_3)^2+(\sigma_1-\sigma_3)^2]$$

材料单向拉伸破坏时应力为

$$u_b=\frac{(1+\mu)\sigma_b^2}{3E}$$

材料破坏条件可写成

$$\frac{1}{2}\sqrt{(\sigma_1-\sigma_2)^2+(\sigma_2-\sigma_3)^2+(\sigma_3-\sigma_1)^2}=\sigma_b$$

因此按第四强度理论建立的强度条件为

$$\frac{1}{2}\sqrt{(\sigma_1-\sigma_2)^2+(\sigma_2-\sigma_3)^2+(\sigma_3-\sigma_1)^2}\leqslant\sigma_b \tag{5-33}$$

对于塑性材料，第四强度理论考虑了中间主应力的 σ_2 的影响，因此比第三强度理论更加符合试验的结果。

5.3.1.5　复合材料强度准则

复合材料与常用的金属材料有很大的不同，即其材料特性具有方向性。复合材料基本强度值包括纤维方向的拉伸强度 X_t 和压缩强度 X_c，垂直于纤维方向的拉伸强度 Y_t 和压缩强度 Y_c，平面剪切强度 S 等 5 个基本强度值。

1. 单层复合材料强度准则

单层复合材料强度准则主要有最大应力准则、最大应变准则、Tsai-Hill 准则和 Tsai-Wu 准则等。

(1) 最大应力准则。最大应力准则以应力值为判断依据，该准则认为，在复杂应力状态下，只要材料内部任意某一应力分量达到了材料相应的强度，材料即发生破坏。

其基本表达式为

$$\left.\begin{array}{l}|\sigma_x|<X_t(X_c)\\|\sigma_y|<Y_t(Y_c)\\|\sigma_s|<S\end{array}\right\} \tag{5-34}$$

式中　σ_x—— 沿纤维方向的正应力；

σ_y—— 垂直纤维方向的正应力；

σ_s—— 平面内的剪切应力。

以上 3 个不等式相互独立，只要上述不等式任意一个不满足条件，材料即发生破坏。

实验证明，最大应力准则误差较大，不过其含义直观，数学关系简单，在方案设计初期对材料强度进行粗略估算时仍有一定的价值。

(2) 最大应变准则。最大应变准则是以材料应变为依据的判定准则，认为只要材料内部任意应变达到材料相应的极限应变值即发生破坏。

最大应变准则条件为

$$\left.\begin{array}{l}\varepsilon_{Xc}<\varepsilon_x<\varepsilon_{Xt}\\\varepsilon_{Yc}<\varepsilon_y<\varepsilon_{Yt}\\\varepsilon_s<\varepsilon_{smax}\end{array}\right\} \tag{5-35}$$

式中　ε_{Xc}，ε_{Xt}——沿纤维方向的压缩、拉伸极限应变；

ε_{Yc}，ε_{Yt}——垂直纤维方向的压缩、拉伸极限应变；

ε_{smax}——平面内的极限剪切应变。

ε_x——沿纤维方向的应变；

ε_y——垂直纤维方向的应变；

ε_s——平面内的剪应变。

以上 3 个不等式相互独立，只要上述不等式任意一个不满足条件，材料即发生破坏。

与最大应力准则相似，最大应变准则也是将复合材料的各向应力分量与基本强度值相比较，区别在于最大应变准则综合考虑了两个方向应力分量的影响。

(3)Tsai-Hill 准则。Tsai-Hill 准则基于材料主轴方向拉压强度相等的正交异性材料，其表达式为

$$\left(\frac{\sigma_x}{X}\right)^2+\left(\frac{\sigma_y}{Y}\right)^2-\frac{\sigma_x\sigma_y}{X^2}+\left(\frac{\sigma_s}{S}\right)^2=1 \tag{5-36}$$

Tsai-Hill 准则考虑了材料的正交异性，但大量实验证明，纤维增强复合材料在材料主方向的拉压强度并不相等，即 $X_t\neq X_c$，此时用 Tsai-Hill 准则判定时就会出现很大误差。

(4)Tsai-Wu 准则。Tsai-Wu 准则综合考虑了复合材料的正交异性和沿材料主方向拉压强度不等的特点，因此在工程上获得广泛的应用，其表达式为

$$F_1\sigma_x+F_2\sigma_y+F_{11}\sigma_x^2+F_{22}\sigma_y^2+2F_{12}\sigma_x\sigma_y+F_{66}\sigma_s=1 \tag{5-37}$$

式中

$$F_1=\frac{1}{X_t}-\frac{1}{X_c};\quad F_2=\frac{1}{Y_t}-\frac{1}{Y_c};\quad F_{11}=\frac{1}{X_tX_c};\quad F_{22}=\frac{1}{Y_tY_c};\quad F_{66}=\frac{1}{S^2};$$

$$F_{12}=-\frac{1}{2}\sqrt{F_{11}F_{22}}=-\frac{1}{2}\sqrt{\frac{1}{X_tX_cY_tY_c}}$$

强度准则给出的是材料在工作应力下失效与否的判据，当上式满足时该层即失效，小于 1 时则不失效。但此式不能定量地说明不失效时的安全裕度，为此引入强度比 R。强度比 R 的定义为，单层在工作应力作用下，极限应力的某一分量 $\sigma_{i(a)}$ 与其对应工作应力分量 σ_i 之比，即

$$R=\frac{\sigma_{i(a)}}{\sigma_i} \tag{5-38}$$

当 $R=1$ 时，$\sigma_i=\sigma_{i(a)}$，铺层发生破坏；$R>1$ 时，$\sigma_i<\sigma_{i(a)}$，说明在当前工作应力下结构尚有额外承载能力，达到失效时可增加的应力倍数为 $R-1$。若 $R=3$，则增加 2 倍载荷

时铺层才发生破坏。R 不能小于 1，小于 1 材料早已出现破坏，没有实际意义。

2. 复合材料层合板强度准则

在制导炸弹上应用的复合材料通常是由多层单向复合材料（铺层）按照一定的铺层角度和顺序，采用黏结方式组成的层合结构。复合材料层合结构的主要破坏形式有基体开裂、分层和纤维断裂等，其破坏形式和机理与单向复合材料有一定区别。

一般情况下，复合材料层合结构的强度设计是按照经典层合板理论进行计算，该理论假设层合板是薄板，各铺层黏结牢固紧密，层间不产生滑移，即忽略层间正应力 σ_z 和层间剪应力 τ_{xz}，τ_{yz}。因此单向复合材料的强度准则仍然是复合材料层合结构强度分析的基础，但需要针对结构的使用要求和特点进行有针对性的分析。

根据实验观察，复合材料层合结构的破坏并不是所有铺层同时破坏，而是逐层扩展的，破坏首先从达到了破坏应力的某层（最先失效层，即首层）开始，该层破坏后，层合结构的刚度和强度重新分配，引起层合结构内部未破坏各层的应力重新分布，随着载荷的继续增加，未破坏各层的应力继续增加，又出现下一层的破坏，引起未破坏各层应力再次重新分配，这一单层破坏 —— 载荷重新分配的过程持续反复多次，直至最后一层（末层）破坏，从而导致整个层合结构失效。由此可见，复合材料层合结构的失效是一个损失逐步累积的过程，在强度分析时，对于不同使用要求的结构，可采用不同的失效准则。

(1) 首层失效准则。对于某些强度和刚度要求比较严格的结构，首层失效虽然不会导致结构完全破坏，但有可能使结构功能降低，因此需要按照首层失效的载荷来分析其强度，即首层失效准则。该准则主要应用在制导炸弹、火箭等关键承载部位的复合材料结构上。

(2) 末层失效准则。末层失效准则是将结构的失效强度按最终层失效时的结构极限强度来计算，由于失效强度的确定是逐步迭代计算的过程，且目前没有明确统一的理论表达方式，因此按此准则对复合材料层合结构进行设计是比较困难的，实际强度分析过程中很少采用。

(3) 层间开裂准则。复合材料层合结构主要是黏结，但由于各层在同一方向上的力学性能不同，在承受载荷时，层与层之间的变形相互制约和协调，在于是在层间产生相应的正应力和剪应力，即层间应力，并且层间应力在边界附近具有较大的峰值，即复合材料层合结构特有的自由边界效应。与经典层合板理论中假设的“各铺层之间黏结牢固，不产生滑移”不同，实际上复合材料层合结构铺层间的层间抗拉强度和剪切强度都较低，基本与基体强度在同一数量级，并且根据胶黏剂种类和复合材料加工工艺的不同存在较大的差异，层间强度差已经成为制约复合材料在制导炸弹上广泛使用的重要因素。

在层间应力 σ_z，τ_{xz}，τ_{yz} 作用下，复合材料很容易出现层间分层破坏，特别是自由边界和开孔的附近。随着分层破坏由边界处向内部扩展，会使层合结构的强度和刚度大幅降低，因此，层间应力和层间强度是复合材料结构设计时必须关心的问题。

解决层间开裂的途径目前主要有三个，一是在不降低结构强度的情况下，通过优化铺层设计，降低层间应力；二是采用高性能的黏合剂，提高复合材料层间性能；三是通过纤维缝合、三维编织和 z-pinning 等技术，提高层间剪切强度。

5.3.2 刚度准则

刚度准则一般是要求结构在设计载荷下的允许变形 δ（位移或转角）不超过规定的许用值$[\delta]$，即

$$\delta \leqslant [\delta] \tag{5-39}$$

5.3.3 稳定性准则

当结构承受的载荷 P（或应力 σ）达到或超过临界失稳载荷 P_{cr}（或临界失稳应力 σ_{cr}）时，结构会丧失稳定性，因此其准则为

$$P < P_{cr} \quad \text{或} \quad \sigma < \sigma_{cr} \tag{5-40}$$

5.4 结构承载能力

确定结构的承载能力即确定结构破坏或丧失功能的临界值，合理确定结构承载能力关系到结构工作的可靠性和结构质量。

5.4.1 结构强度极限的确定

材料的成分组成和热处理的状态对材料强度都有很大的影响，因此确定材料的强度极限是强度设计中十分重要的工作。

确定材料强度极限 σ_{bc} 主要按以下原则。

1）设计图纸给出强度的可直接采用；

2）设计图纸给出硬度值的，可按照相关规范进行换算；

3）设计图纸给出选用材料标准的，可查找相关标准获得；

4）当无相关资料时，应通过试验确定，并经总设计师批准；

5）强度极限一般取其下限。

1. 拉伸(压缩)强度极限

结构拉伸(压缩)强度极限 σ_b 按下式计算,有

$$\sigma_b = k\sigma_{bc} \tag{5-41}$$

式中,k 为强度削弱系数。

对于无开孔或切口的构件,k 取1.0。对于有孔或切口的结构,k 按表5-2取值。

表5-2　强度削弱系数

材　料		强度削弱系数 k
碳钢	20,45	1.0
高强度合金钢	30CrMnSiA	0.95 ~ 1.0
	30CrMnSiNi2A	0.95
铝合金	2A11	0.87 ~ 0.95
	2A12	0.83 ~ 0.86
	7A04	0.94 ~ 0.99

2. 剪切强度极限

剪切强度极限 τ_b 应由标准、规范或试验确定,如无相关数据时,可按下式计算,有

$$\tau_b = k\sigma_{bc} \tag{5-42}$$

式中,k 为剪切系数(见表5-3)。

表5-3　剪切系数

材　料		剪切系数 k
脆性材料(如生铁、铸铝)		0.8 ~ 1.0
变形铝合金		0.55 ~ 0.6
钢	退火钢	0.7
	$\sigma_b \leqslant 686$ MPa	0.7
	785 MPa $\leqslant \sigma_b \leqslant$ 1 180 MPa	0.63 ~ 0.65
	$\sigma_b >$ 1 180 MPa	0.6
镁合金		0.55 ~ 0.6
铸镁合金	$\sigma_b <$ 118 MPa 未热处理	0.8
	$\sigma_b >$ 118 MPa	0.55 ~ 0.6

3.挤压强度极限

挤压强度极限 σ_{bj} 可按下式确定,有

$$\sigma_{bj} = k\sigma_{bc} \tag{5-43}$$

式中,k 为挤压系数,与连接处接触状态相关,分为静挤压系数和滑动挤压系数。

静挤压系数 k 可按 $k = k_1 k_2 k_2$ 计算(见表 5-4)。

表 5-4　静挤压系数

<table>
<tr><th colspan="2" rowspan="3">挤压系数
材　料</th><th colspan="2">k_1</th><th colspan="4">k_2</th><th colspan="2">k_3</th></tr>
<tr><th colspan="2">e/d</th><th colspan="4">考虑动态效应</th><th rowspan="2">经常拆卸</th><th rowspan="2">不经常拆卸</th></tr>
<tr><th>≥2</th><th><2</th><th>长时间振动</th><th>短时间振动</th><th>操纵面、外挂附件</th><th>其他</th></tr>
<tr><td colspan="2">钢</td><td colspan="2">查图 5-32</td><td rowspan="4">0.7</td><td rowspan="4">0.8</td><td rowspan="4">0.9</td><td rowspan="4">1.0</td><td rowspan="4">1.0</td><td rowspan="4">0.8</td></tr>
<tr><td rowspan="2">铝合金</td><td>板材铸件</td><td>1.8</td><td>1.4</td></tr>
<tr><td>锻材型材</td><td>1.6</td><td>1.2</td></tr>
<tr><td colspan="2">铜合金</td><td>1.2</td><td>1.1</td></tr>
</table>

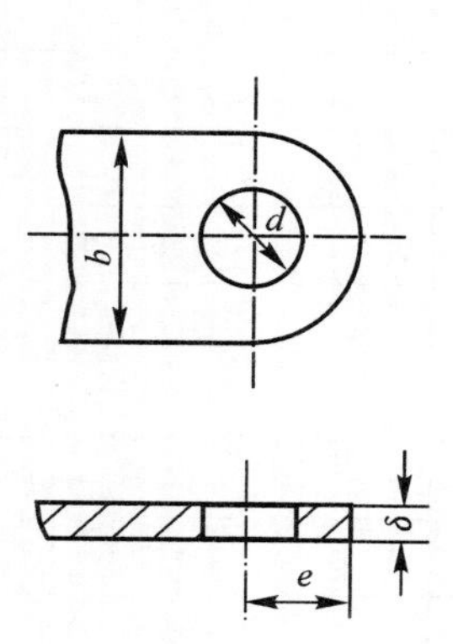

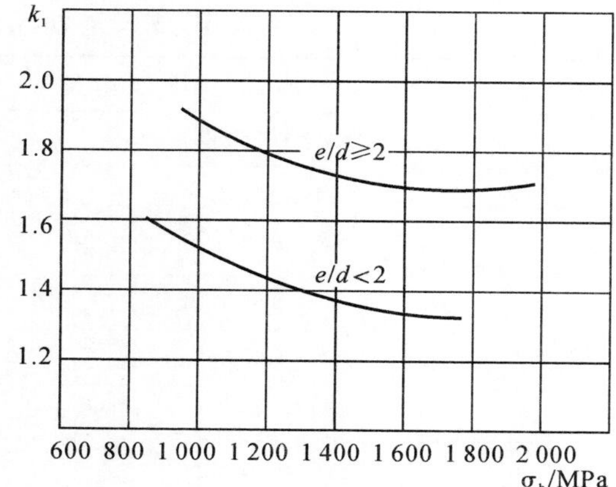

图 5-31　钢材的挤压系数(当 $d/\delta \leqslant 5.5$ 时有效)

滑动挤压系数见表 5-5。

表 5-5　滑动挤压系数

材料＼挤压形式		可以活动，但受载时不活动	受载时稍有活动	受载时需要活动	
				一般情况	保证润滑
钢与钢	无衬套	0.5	0.4	0.3	0.2
	有衬套	0.65	0.5	0.4	0.3
钢与铜	很少更换	0.7	0.6	0.5	0.4
	经常更换	0.8	0.7	0.6	0.5

4. 连接件承载能力

标准连接件的拉压和剪切承载能力一般都有标准或规范可供参考，对于标准或规范中无法查到以及非标连接件承载能力可按本节介绍的拉压、剪切、挤压强度计算方法进行计算。部分铆钉和螺钉的承载能力见表 5-6 和表 5-7。

表 5-6　铆钉单面剪切破坏剪力　　（单位：N）

直径 d ＼材料	2A01	2A10	5A05	ML10 ML15 ML18	ML20MnA	ML1Cr18Ni9Ti	ML16CrSiNi ML30CrMnSiA	7050
2	585	770	493	1 050	1 540	1 350	—	—
2.5	912	1 200	770	1 640	2 400	2 120	—	—
3	1 310	1 720	1 110	2 350	3 460	3 040	—	—
3.5	1 790	2 350	1 510	3 190	4 710	4 140	—	3 556
4	2 330	3 080	1 960	4 180	6 150	5 390	—	5 557
5	3 670	4 800	3 080	6 560	9 610	8 480	13 800	—
6	5 290	6 960	4 410	9 410	13 800	12 100	19 900	—
8	9 360	12 300	7 840	16 600	24 600	21 500	35 500	—
10	14 600	19 200	12 330	26 100	38 500	33 800	55 400	—

表 5-7　螺钉承载能力　(单位:N)

规格	性能等级								
	4.6	4.8	5.6	5.8	6.8	8.8	9.8	10.9	12.9
M3	2 010	2 110	2 510	2 620	3 020	4 020	4 530	5 230	6 140
M4	3 510	3 690	4 390	4 570	5 270	7 020	7 900	9 130	10 700
M5	5 680	5 960	7 100	7 380	8 520	11 350	12 800	14 800	17 300
M6	8 040	8 440	10 000	10 400	12 100	16 100	18 100	20 900	24 500
M8	14 600	15 400	18 300	19 000	22 000	29 200	32 900	38 100	44 600
M10	23 200	24 400	29 000	30 200	34 800	46 400	52 200	60 300	70 800
M12	33 700	35 400	42 200	43 800	50 600	67 400	75 900	87 700	103 000
M14	46 000	48 300	57 500	59 800	69 000	92 000	104 000	120 000	140 000
M16	62 800	65 900	78 500	81 600	94 000	125 000	141 000	163 000	192 000
M20	98 000	103 000	122 000	127 000	147 000	203 000	—	255 000	299 000

5. 焊缝强度极限

焊缝强度极限应由试验确定。当缺少试验数据时,焊缝强度极限 σ_{bw} 和剪切强度极限 τ_{bw} 可按下式计算,有

$$\sigma_{bw}=k_1\sigma_{bc} \tag{5-44}$$

$$\tau_{bw}=k_2\sigma_{bw}=k_1k_2\sigma_{bc}$$

式中　k_1—— 焊缝强度削弱系数,见表 5-8。

　　k_2—— 焊缝剪切系数,见表 5-8。

表 5－8　部分材料焊缝削弱系数和剪切系数

材料牌号	焊接方法	焊丝、焊剂	焊前状态	焊后处理	厚　度	k_1	k_2
10,20	气焊	H08A/	正常化	热处理到 $\sigma_b = 294 \sim 490$		0.80	0.60
	CO_2 保护焊	H08Mn2SiA				0.90	0.65
	手工电弧焊	H08A/HT－1、HT－3				0.90	0.60
	埋弧自动焊	H08A/ 焊剂 431			1 ～ 4	0.90	0.65
	氢原子焊	H08A/				0.90	0.60
30CrMnSiA	气焊	H08A/	正常化	正常化 $\sigma_b = 686 \sim 882$		0.85	0.63
		H18CrMoA/HT－3				0.85	0.63
	手工电弧焊	H08A/				0.85	0.63
		H18CrMoA/HT－3				0.90	0.63
	氢原子焊	H08A/				0.90	
		H18CrMoA/				0.90	
	埋弧焊	H18CrMoA/ 焊剂 431				0.90	
	气焊 手工电弧焊	HGH41/ HGH41/HT－4	正常化 $\sigma_b = 686 \sim 882$	不热处理		0.61	0.63
	气焊	H18CrMoA/	正常化	淬火、回火 $\sigma_b > 882$		0.90	0.60
	手工电弧焊	H18CrMoA/HT－3				0.90	0.60
	氢原子焊	H18CrMoA/ 焊剂 431			1 ～ 4	0.90	0.60
	埋弧焊	H18CrMoA/				0.90	0.60
TA2	埋弧焊	TA2/		退火	≤ 4	0.90	
TA3		TA3/				0.90	
TA6		TA6/				0.90	
TC1	手工直流氩弧焊		正常化	$\sigma_b = 696$	≤ 0.8	0.95	
				$\sigma_b = 716$		0.90	
5A02	气焊	4A01/ 粉 401	$\sigma_b = 245$			0.60	
		5A02/ 粉 401				0.70	
	氩弧焊	5A03/				0.80	

续 表

材料牌号	焊接方法	焊丝、焊剂	焊前状态	焊后处理	厚　度	k_1	k_2
5A03	氩弧焊	4A01/	$\sigma_b = 230$			0.85	
		5A03/				0.90	
5A06	氩弧焊	4A01/	$\sigma_b = 319$			0.80	
		5A06/				0.90	
2A12	氩弧焊	2A12/	$\sigma_b = 426$	不热处理		0.60	
			正常化	$\sigma_b = 426$		0.90	
2A16	氩弧焊	2A16	$\sigma_b = 426$	不热处理		0.60	
			正常化	$\sigma_b = 426$		0.90	
7A04	氩弧焊		$\sigma_b = 510$	不热处理		0.45	

6.复合材料强度许用值

复合材料强度许用值的数值基准分为A基准、B基准和典型值，采用哪种基准应根据具体工程项目的结构设计准则确定。对于复合材料结构，A基准和B基准分别对应单路传力结构和多路传力或破损安全结构，一般情况取B基准，但当有特殊要求时许用值取A基准。弹性常数一般取典型值。

复合材料许用值受诸多因素制约，包括原材料、生产工艺等都会对其产生影响，因此复合材料强度许用值应由生产厂家给出或试验确定。表5-9为部分复合材料单向层压板的强度性能，供读者参考。

表5-9　部分复合材料层压板强度指标　(单位:MPa)

材　料	X_t	X_c	Y_t	Y_c	S
T300/4211	1 396	1 029	33.9	166.6	65.5
T300/5208	1 496	1 496	40.1	249	67.2
T300/5222	1 490	1 210	40.7	197	92.3
T300/914C	1 683	1 042	61.4		100
T300/QY8911	1 548	1 226	55.5	218.0	89.9

续表

材　料	X_t	X_c	Y_t	Y_c	S
硼 / 碳氧	1 323	2 432	72.0	276.0	100.0
Kev/ 环氧	1 400	235	12	53	34
Scotch/1002	1 062	610	31	118	72
HT3/5222	1 230	1 051	26.4	168	87
HT3/5224	1 400	530	50	180	99
HT3/5228	1 744	1 230	81	212	124
HT3/5405	1 092	899	68	132	84
HT3/HD58	1 578.6	1 090	51.1	212.1	72.4
HT3/HDO3	1 599.6	1 047.9	53.9	157.9	68.6
HT3/BMP316	1 061	839.1	49.1	136.6	71.9
HT3/NY9200Z	1 342	1 069	56	147	117
HT3/QY8911	1 239	1 281	38.7	189.4	81.2
HT7/5428	2 150	1 200	65	220	111
HT7/5228	2 880	1 470	66	210	
HT8/5228	2 405	1 800	65	205	104
HT8/5288	2 630	1 480	62	216	109
G803/5224	530	500	500	450	110
G803/QY8911	601.2	581	563.9	578.2	112.1
AS4/3501	1 165	1 060	41	179	69
AS4C/Peek	1 722	832	60	136	113
G30－600/5245C	2 314	1 551	57	223	115

续 表

材　料	X_t	X_c	Y_t	Y_c	S
IM7/5250-4	2 250	1 310	66		81.4
IM7/5260	2 691	1 746	72		110

5.4.2　结构许用刚度的确定

在制导炸弹结构中，通常需要对某些结构件的刚度进行限制，以保证性能或安全性，如弹翼的变形过大会影响气动升力，弹体在挂机飞行过程中变形过大可能会影响正常的弹射投放甚至威胁载机安全。

结构的许用刚度(或允许变形 δ) 按照设计要求、有关规范或经验确定。

5.4.3　结构稳定性的确定

1. 压杆的稳定性

对于等剖面的直杆，在轴向压缩载荷的作用下，其临界应力方程为

$$\sigma_{cr}=\pi^2 E/(L'/\rho)^2 \quad (\sigma_{cr}\leqslant\sigma_p) \tag{5-45}$$

$$\sigma_{cr}=\pi^2 E_t/(L'/\rho)^2 \quad (\sigma_{cr}>\sigma_p) \tag{5-46}$$

临界载荷为

$$P_{cr}=\sigma_{cr}A \tag{5-47}$$

式中　σ_P—— 材料的比例极限；

E—— 材料的压缩弹性模量；

E_t—— 切线模量；

A—— 杆件的剖面面积；

ρ—— 杆件剖面的回转半径，$\rho=\sqrt{I_{min}/A}$，其中 I_{min} 为剖面的最小弯曲惯性矩；

L'—— 杆件的有效长度，$L'=L/\sqrt{C}$，其中 L 为杆件的实际长度，C 为杆件端部支持系数。

图 5-32 中 FC 部分属于长杆范围，杆件以弹性弯曲失稳破坏；采用式(5-45) 计算临界应力；EF 部分属于中长杆范围，杆件以塑性失稳破坏，采用式(5-46) 计算临界应力；AB

部分属于短柱范围，为塑性压缩破坏，其破坏应力可达到杆件材料的压缩强度极限 σ_{-b}，但一般取屈服极限 $\sigma_{0.2}$ 作为许用应力的截止值。

不同边界条件的端部支持系数见表 5－10。

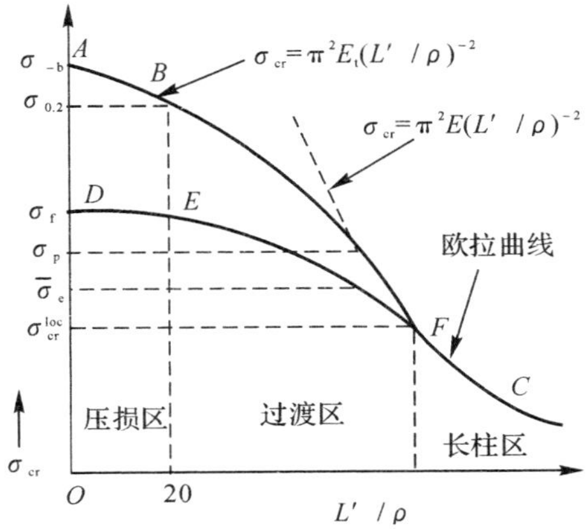

图 5－32　材料临界应力 σ_{cr} 与杆件细长比 L'/ρ 的关系曲线

表 5－10　不同边界条件的端部支持系数

边界条件	一端自由 一端固支	两端铰支	一端铰支 一端固支	两端固支
C	0.25	1	2.05	4
失稳波形	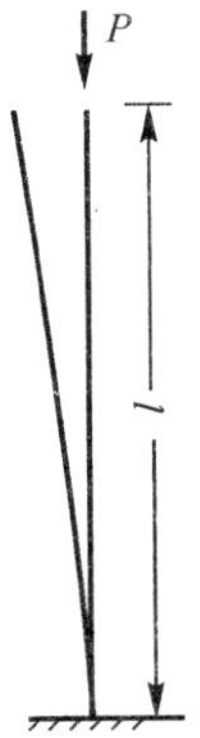	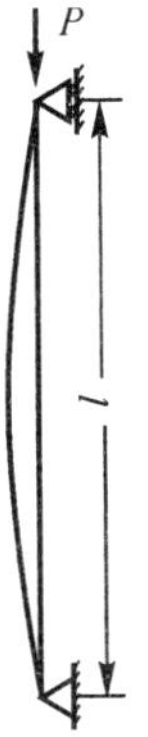	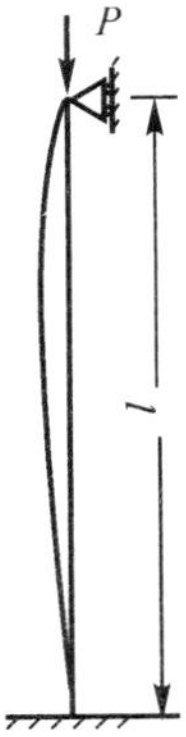	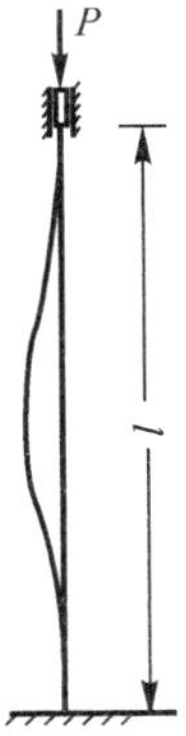

2. 板的稳定性

承受均匀轴向压缩载荷的矩形平板弹性临界失稳应力计算公式为

$$\sigma_{cr} = K_c \frac{\pi^2 E}{12(1-\mu^2)} \left(\frac{\delta}{b}\right)^2 \tag{5-48}$$

式中 E—— 材料的弹性模量；

δ—— 板的厚度；

b—— 板的宽度；

μ—— 材料的弹性泊松比；

K_c—— 压缩临界应力系数，与板的支持条件和长宽比有关。

当板长度 a 远大于宽度 b 时(无限长板)，K_c 的取值见表 5-11。

表 5-11　无限长板的临界压缩系数

边界条件	四边铰支	四边固支	一非加载边自由，其余边铰支	一非加载边自由，其余边固支
K_c	4.0	6.98	0.43	1.28

对于钢材，其泊松比通常在 0.3 左右，此时临界应力计算公式可简化为

$$\sigma_{cr} = \frac{KE}{(b/\delta)^2} \tag{5-49}$$

3. 圆筒的稳定性

大量试验表明，圆筒的理论值与试验值存在着较大的差异，且试验值分散性很大，造成这种差异的原因主要是试件的初始缺陷以及端部支持条件的差异。

圆筒在轴压作用下的临界失稳载荷与圆筒的曲率参数 Z 有关，则

$$Z = \frac{L^2}{R\delta}\sqrt{1-\mu^2} \tag{5-50}$$

式中 L—— 圆筒的长度；

R—— 圆筒半径；

δ—— 圆筒的厚度；

μ—— 圆筒材料的泊松比。

圆筒可按 $\frac{L^2}{R\delta}$ 值的大小分为长筒($\frac{L^2}{R\delta} > 100$)、中长筒($1 < \frac{L^2}{R\delta} < 100$)和短筒

$\left(\dfrac{L^2}{R\delta}<1\right)$。对于常用的中长筒临界失稳应力可按下式计算，有

$$\sigma_{cr}=\frac{\gamma E}{\sqrt{3(1-\mu^2)}}\frac{\delta}{R} \tag{5-51}$$

式中　E—— 材料的弹性模量；

γ—— 试验修正系数。

对于 γ 值，根据大量试验数据归纳，可取为 $\gamma=0.901e^{-\phi}+0.099$，其中 $\phi=\sqrt{R/\delta}/16$。

4. 强度判断

结构在载荷作用下应同时满足强度、刚度和稳定性三个方面的要求，结构强度是否满足要求可以用安全裕度来进行表征。

安全裕度 M. S. (Margin of Safty) 定义为，结构的失效应力 σ_{sx}（或限制变形 δ_{sx}）与结构在设计载荷下的工作应力 σ（或工作变形 δ）之比再减 1，即

$$\text{M. S.}=\frac{\sigma_{sx}}{\sigma}-1 \quad 或 \quad \text{M. S.}=\frac{\delta_{sx}}{\delta}-1 \tag{5-52}$$

由安全裕度的定义可知，当 M. S. $\geqslant 0$ 时，材料强度符合要求；当 M. S. <0 时，材料强度不符合要求。

安全裕度 M. S. 不仅关系到结构工作的可靠性，而且影响到结构质量，因此需合理确定结构的安全裕度，如安全裕度太小，则可靠性较低，安全裕度过大，则需要增加较多的结构质量。制导炸弹结构的安全裕度一般可按下列原则：

1）一般结构安全裕度应不小于 0；

2）关键承力件的安全裕度不低于 0.25；

3）锻件的安全裕度不低于 0.2；

4）铸造件的安全裕度不低于 0.33。

理论上结构安全裕度为 0 最为理想，既满足强度要求，又使结构质量最小化。但由于载荷计算误差、计算理论模型简化、材料质量分散性、加工误差等因素的影响，实际结构应力与计算结果存在一定误差，为保证安全，对于一般承力结构希望安全裕度 M. S. 保持在 0.05 ～ 0.1 之间。

有些资料文献中也有采用剩余强度系数 η 的表述方法，材料的强度极限与结构在设计载荷下工作应力的比值称为剩余强度系数。即

$$\eta=\frac{\sigma_{sx}}{\sigma} \quad \text{或} \quad \eta=\frac{\delta_{sx}}{\delta} \tag{5-53}$$

安全裕度与剩余强度系数的关系为 M. S. $=\eta-1$。

如果安全裕度不足或过高，则应将计算结果和修改意见反馈给结构设计人员修改设计。

第6章　制导炸弹结构"五性"及"三防"设计

6.1　概　　述

制导炸弹"五性"是可靠性、维修性、保障性、安全性及测试性的统称，是制导炸弹系统的重要属性。然而，在制导炸弹结构总体设计中很少涉及测试性，故不将测试性归入结构总体设计中。互换性在结构设计中占据着重要的地位，一般在结构总体设计前期进行规划和分析，因此，本书中将互换性纳入结构总体设计中。结构"五性"为可靠性、维修性、保障性、安全性及互换性。结构"五性"是制导炸弹质量的重要指标，它是设计出来、生产出来、管理出来的，因而必须从头抓起，在设计时赋予，在生产中保证，在使用中发挥。"五性"工程属于顶层规划，应与结构总体设计相结合，并在设计过程中进行分析和评价，分析评价的结果再反馈给设计者以改进，进行反复迭代，最后通过试验验证。

提高制导炸弹结构及贮存可靠性，将减少故障发生的次数，有助于提高制导炸弹的战备完好性和飞行训练的成功性，保证装备快速出动和提高作战的能力；改进维修性和保障性，减少制导炸弹在使用过程中的维护和维修时间，提高制导炸弹的出动能力，同时可以减少制导炸弹的修理时间，提高制导炸弹再次投入作战的能力；提高制导炸弹的安全性，降低制导炸弹发生事故的次数，提高其战斗力；提高制导炸弹的互换性，降低其成本同时可实现快速更快，减少维修时间。

制导炸弹的"三防"设计是指防潮、防霉菌及防盐雾。制导炸弹三防技术主要是开展有关环境条件、耐环境设计、工艺防护等方面的试验研究及其工程应用的一项技术，用于研究制导炸弹故障原因与失效机理，同时也是改进和提高制导炸弹质量的重要手段。本章主要介绍影响制导炸弹三防性能的主要环境因素及三防设计准则。在制导炸弹结构总体设计阶段，就应该关注零件、部件、组件以及其他分系统弹上设备的"三防"设计。谨慎而周密地考虑到使用时会出现的问题，比设计、加工、装配完成后，再采用"三防"防护措施要可靠得多，往往能起到事半功倍的效果。

6.2 制导炸弹结构“五性”设计

6.2.1 结构可靠性设计

制导炸弹作为一种重要的军工产品，其质量和可靠性问题备受重视。而弹体结构是制导炸弹的一个重要组成部分，其可靠性问题更是不容忽视。进行制导炸弹结构总体设计时，应充分考虑弹体结构可靠性和贮存可靠性，提高制导炸弹的结构可靠性和贮存可靠性。

6.2.1.1 结构可靠性设计

1. 结构可靠性概念

制导炸弹结构可靠性是弹体结构在给定的使用条件下和给定的使用寿命内不产生破坏或功能失效的能力。弹体结构可靠度是弹体结构在规定的时间内，规定的条件下完成预定功能的概率。弹体结构可靠性作为制导炸弹系统内的一个指标，可用于制导炸弹经过发射前准备，从出厂交付部队使用，期间反复经历包装、运输、装卸、存放、检测、维修、训练及发射等过程，不出现致命故障的概率来描述。

弹体结构可靠性分析是用应力与强度的数量统计方法，研究强度问题的随机量，确定结构所承受的载荷和两者之间的关系，定量地评价弹体结构可靠性水平。弹体结构强度可靠性设计过程流程图如图 6－1 所示。

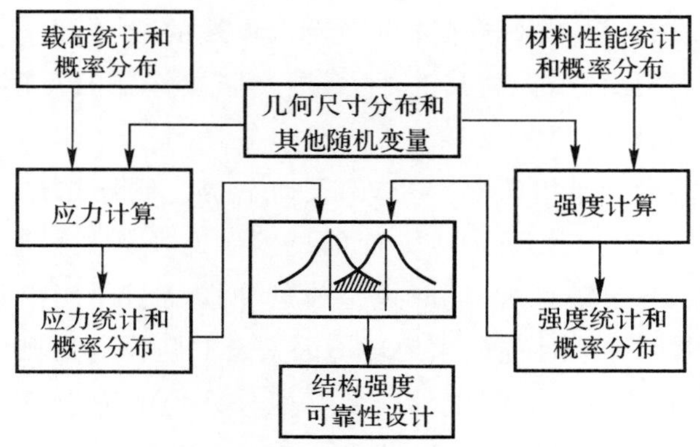

图 6－1 结构强度可靠性设计流程图

2. 弹体结构可靠性计算

目前，机械载荷以静载荷为主，在静载荷设计的基础上，用动载荷进行“后设计”校核。

弹体结构设计中，零件的应力小于零件强度时，不发生故障或失效。按结构问题特点，结构可靠度为结构强度大于结构所承受载荷的概率。若强度用 S 表示，载荷用 L 表示，P_s 和 P_f 可表述为

$$P_s = P(S - L \geqslant 0) = P[(S/L) \geqslant 1]$$

$$P_f = P(S - L < 0) = P[(S/L) < 1]$$

令 $f(S)$ 为应力分布的概率密度函数、$g(\delta)$ 为强度分布的概率密度函数，如图 6-2 所示，应力与强度的概率分布曲线发生干涉。

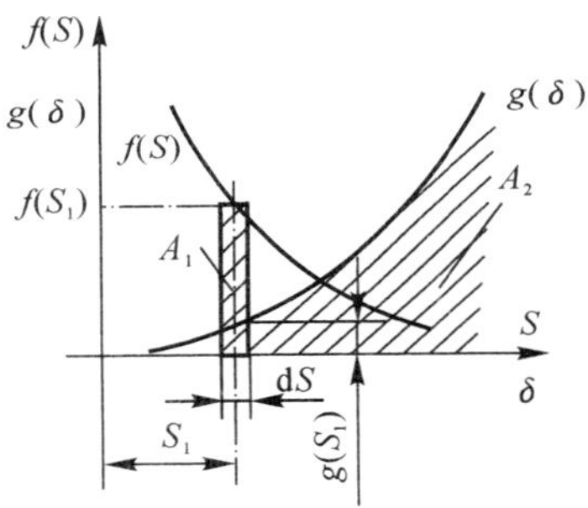

图 6-2　应力-强度分布干涉图

应力值 S_1 落在宽度为 $\mathrm{d}S$ 的小区间内的概率等于该小区间所决定的单元面积 A_1，即

$$A_1 = f(S_1)\mathrm{d}S = P[(S_1 - \mathrm{d}S/2) \leqslant S \leqslant (S_1 + \mathrm{d}S/2)] \quad (6-1)$$

强度 δ 大于应力 S_1 的概率 A_2，则

$$A_2 = P(\delta > S_1) = \int_{S_1}^{+\infty} g(\delta)\mathrm{d}\delta \quad (6-2)$$

若弹体结构中任何一个舱段结构失效，则弹体结构失效，那么弹体各舱段间为串联连接；若只有在弹体的所有舱段失效后，弹体结构才会失效，那么弹体各舱段间为并联连接。对实际舱段结构而言，只要舱段中个别元件或部分元件失效，则认为舱段失效，通常，弹体结构舱段间为串联连接。

制导炸弹弹体结构的可靠性指标，可表示为下式，有

$$p = \prod_{i}^{N} p_i^{n_i}$$

式中　p_i——第 i 个结构组件不破坏的概率；

n_i——结构中相同组件数；

N—— 结构组件类型数。

结构组件不破坏的概率(满足强度条件 $\mu_p=\eta f(\mu_1+3\sigma_1)$ 按下式确定,有

$$P_i\{g\geqslant 0\}=\Phi(Z_{R,i})=0.5+\frac{1}{\sqrt{2\pi}}\int_0^{Z_{R,i}}e^{-\frac{t^2}{2}}dt \tag{6-3}$$

$$Z_{R,i}=\frac{\mu_{s,i}-\mu_{l,i}}{\sqrt{\sigma_{s,i}^2+\sigma_{l,i}^2}}$$

式中 $Z_{R,i}$—— 第 i 个结构部件的可靠性系数;

$\mu_{s,i}$—— 第 i 个结构部件材料强度极限的数学期望;

$\sigma_{s,i}$—— 第 i 个结构部件材料强度极限的均方根偏差;

$\mu_{l,i}$—— 第 i 个结构部件载荷值的数学期望;

$\sigma_{l,i}$—— 第 i 个结构部件载荷值的均方根偏差

则有

$$\mu_{l,i}=\frac{\mu_{p,i}}{\eta f(1+3C_{vl})} \tag{6-4}$$

$$\sigma_{s,i}=\mu_{s,i}C_{vs}$$

$$\sigma_{l,i}=\mu_{l,i}C_{vl}$$

式中 $\mu_{p,i}$—— 第 i 个结构部件材料强度极限;

η—— 剩余强度系数;

f—— 安全系数;

C_{vl}—— 载荷变差系数;

C_{vs}—— 材料性能变差系数。

3. 弹体结构可靠性参数

(1) 参数的统计处理。

1) 载荷的统计分析。载荷作用于零件或部件中会引起变形和应变等效应,若不超过材料的弹性极限,则由静载荷引起的效应基本保持不变,而由动载荷引起的效应则是随时间而变化的。大量统计表明,静载荷一般用正态分布描述,动载荷一般用正态分布或对数正态分布描述。

2) 材料的统计分析。金属材料的抗拉强度 σ_b,屈服极限 σ_s 能较好符合或近似符合正态分布;多数材料的延伸率 δ 符合正态分布;剪切强度极限 τ_b 与 σ_b 有近似关系,故近似于正态分布。疲劳强度极限有弯曲、拉压、扭转等,大部分材料的疲劳强度极限服从正态分布或对数正态分布,也有的符合威布尔分布。多数材料的硬度近似于正态分布或威布尔

分布。

金属材料的弹性模量 E，剪切弹性模量 G 及泊松比 μ 具有离散性，可认为近似于正态分布。

3）几何尺寸。由于加工制造设备的精度、量具的精度、人员的操作水平、工况、环境等影响，使同一零件同一设计尺寸在加工后也会有差异。零件加工后的尺寸是一个随机变量，零件尺寸偏差多呈正态分布。

（2）参数数据的处理。

1）剩余安全系数。一般等于或略大于1，使强度略有储备，但不宜过大，以免造成弹体结构质量偏大。

2）安全系数。安全系数是制导炸弹结构设计中的一个重要参数，它是一个带有经验性质的数据，不但受外载荷、结构强度及失效模式的影响，而且还受材料、加工质量、结构可靠度指标、特定的使用要求等综合因素的影响，它的大小会直接影响到结构质量和可靠度，关系到制导炸弹的性能。

地空导弹安全系数一般取1.2～2.0；制导炸弹的安全系数一般取1.25～1.5，金属构件的安全系数一般取1.2～1.3，复合材料构件安全系数一般取1.9～2.0。

3）可靠性安全系数。把安全系数与可靠性联系起来产生的可靠性安全系数，是在结构强度变差系数和载荷变差系数的基础上，用95%的概率下限强度与99%的概率上限载荷之比求得，则

$$f_R=\frac{1-1.65C_{vs}}{1+2.33C_{vl}}\times\frac{1+u_0\sqrt{C_{vs}^2+C_{vl}^2-u_0^2C_{vs}^2C_{vl}^2}}{1-u_0^2C_{vs}^2} \tag{6-5}$$

式中　f_R——可靠性安全系数；

u_0——可靠度系数；

C_{vs}——材料特性变差系数；

C_{vl}——载荷变差系数。

这是按照出现概率为5%的最小强度与1%最大载荷之比来定义的可靠性安全系数。

4）材料特性变差系数。材料性能变差系数是由其数学期望与均方根偏差求得的，而均方根偏差与数学期望是设计部门依据制导炸弹所用材料的机械性能、物理性能，以及这些性能随温度变化，测试统计的数据。

制导炸弹所用材料变差系数，一般取值为0.02～0.16。

常用材料特性的变差系数见表6-1。

表 6-1 常用金属材料的变差系数

材料特性	变差系数		材料特性	变差系数	
	常用值	范围		常用值	范围
金属材料拉伸强度	0.04	0.02～0.06	钢的布氏硬度	0.05	0.02～0.42
金属材料屈服强度	0.07	0.02～0.16	金属的断裂韧性	0.07	
金属材料疲劳强度	0.08	0.015～0.15	钢和铝合金的弹性模量	0.03	
零件的疲劳强度	0.1	0.05～0.2	铸铁的弹性模量	0.04	
焊接结构强度	0.1	0.05～0.2	钛合金的弹性模量	0.05	
复合材料结构强度	0.1	0.08～0.12	复合材料连接强度	0.12	0.1～0.15

5）载荷变差系数。载荷变差系数在制导炸弹设计初期可用类比法，参考以前类似型号数据或飞航导弹数据；也可用计算飞行弹道的原始数据散布特性求得，根据某一制导炸弹部件选定的设计情况，通过载荷近似认为正态分布的性质，采用 3σ 原则求得。

载荷变差系数的取值范围一般为 0.02～0.22。轴压和弯扭复合载荷取 0.2；按分布载荷计算取 0.1，内压或外压取 0.02。

根据气动吹风试验、靶场试验等统计数据，得出制导炸弹载荷因素服从正态分布，并得出相应的分布参数。载荷分布类型及变差系数见表 6-2。

表 6-2 载荷变差系数

载　荷	分布类型	变差系数
惯性载荷	正态分布	0.1
挂机飞行气动载荷	正态分布	0.1
自由飞行气动载荷	正态分布	0.15
离机弹射载荷	正态分布	0.2
挂机振动载荷	正态分布	0.2
挂机冲击载荷	正态分布	0.2
疲劳载荷	正态分布	0.1～0.15
阵风载荷	正态分布	0.22

4.提高弹体结构可靠性有下述途径。

（1）载荷。载荷是制导炸弹结构可靠性设计和计算的原始数据，载荷计算取决于制导炸弹飞行弹道及弹道上典型计算点的确定。载荷是随机变量，寻求制导炸弹使用和飞行中的载荷均值、标准偏差或变差系数，分析载荷的性质，使这些载荷能真实反映制导炸弹在使用和飞行过程中的真实情况。载荷不准，给制导炸弹结构设计会带来大的失误，造成盲目设计，使制导炸弹的质量超标或使制导炸弹飞行中遇到实际大载荷而破坏。同时载荷变差系数反映载荷散布的大小，对于具体部件要具体分析。变差系数选大了，保证了弹体结构的可靠度，增大了弹体结构的安全系数，但造成了制导炸弹质量的增大；变差系数选小了，满足了质量最轻的要求，同时降低了弹体结构可靠度。

（2）传力路线的合理安排。在进行制导炸弹弹体结构可靠性设计时，应合理安排受力构件和传力路线，使载荷合理地分配和传递，减少或避免构件受附加载荷。结构设计应避免传力路线上构件不连续；尽量减少传力路线拐折；传力路线交叉时，一般构件应给主要受力构件或受载严重的构件让路。

（3）材料的选择与控制。在进行结构设计时，材料的选择要考虑零、部件的功能用途，特别是作用在部件上的气动载荷和温度等因素，在气动和热条件下材料机械性能变化大，更要选准材料性能变差系数。整个零、部件各种材料的性能要互相匹配，做到等强度设计。材料选择的基本原则应要全面满足结构完整性要求，应根据各项设计要求和材料所具有的性能，进行综合权衡。元件材料的机械性能应与元件的受力一致，如承受中等载荷的元件，应选机械性能适中的铝、镁合金，不宜选用高强度的合金钢。

（4）结构细节设计的一般原则。

1）构件应有足够的刚度，防止在重复载荷的作用下，因过度变形引起裂纹；

2）相互连接零件的刚度及连接刚度应相互匹配，变形协调，以防止牵连变形促使连接部位开裂；

3）次要构件应合理地与主承力构件连接；

4）采用适当的补偿件，减少连接部位的装配应力；

5）尽量减少由于开口、切槽、钻孔、焊接、尖角和壁厚差导致的应力集中；

6）控制螺纹连接件的预紧力矩；

7）应考虑电化学腐蚀的影响，尽量减少电位差大的不同金属零件的直接接触；

8）结构设计中应考虑结构相容性问题；

9）应避免零件上多个应力集中因素相互叠加而引起复合应力集中等。

6.2.1.2 结构贮存可靠性设计

贮存可靠性是用来保证制导炸弹在规定的贮存条件下和规定的贮存时间内，具有规定功能的能力，是一项重要的战术技术指标。制导炸弹一旦需要使用它时，就必须具备所要求的技术指标。因此，制导炸弹贮存可靠性的高低，关系到能否及时使用和部队战斗力能否迅速形成的重大问题。了解贮存环境是开展制导炸弹贮存可靠性设计的首要因素，通过开展贮存环境下制导炸弹贮存可靠性评价技术，结合贮存环境评价技术，利于提高制导炸弹结构贮存可靠性设计。

通过对制导炸弹贮存可靠性的大量分析与研究，本书提出贮存环境下制导炸弹评价技术基本流程图（见图6－3）。

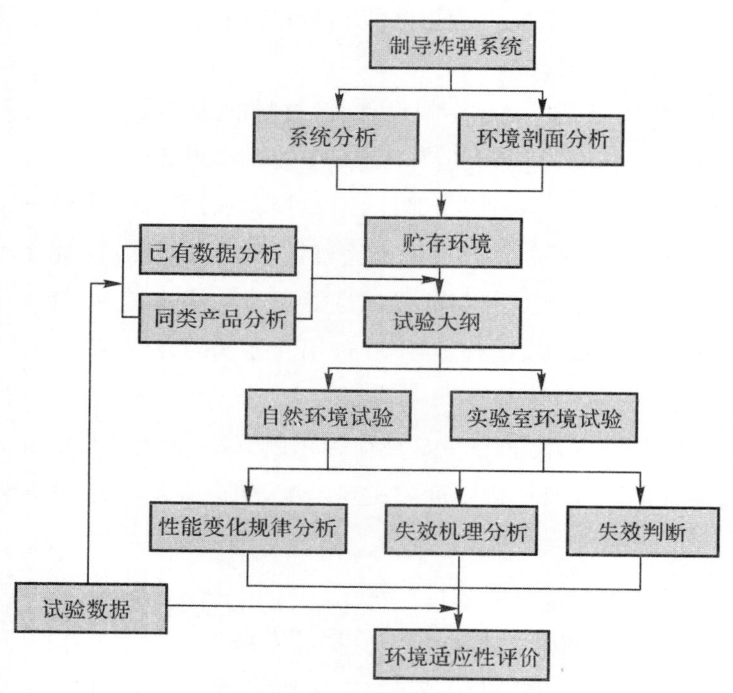

图6－3　制导炸弹贮存评价技术基本流程图

贮存环境下制导炸弹贮存可靠性评价技术基本流程图如图6－4所示。

提高结构贮存可靠性的途径：

(1) 为了提高制导炸弹的贮存可靠性，在吸收类似产品经验教训的基础上采取了一系列措施，包括采用成熟设计，提高零、部、组件可靠性。

(2) 根据强度、质量、温度和其他因素综合考虑选择材料，尽量避免不同金属的接触，接触部位应采取喷漆、镀层等防腐设计。

(3) 不能修理的部位尽量避免寿命差异较大的材料混合使用。

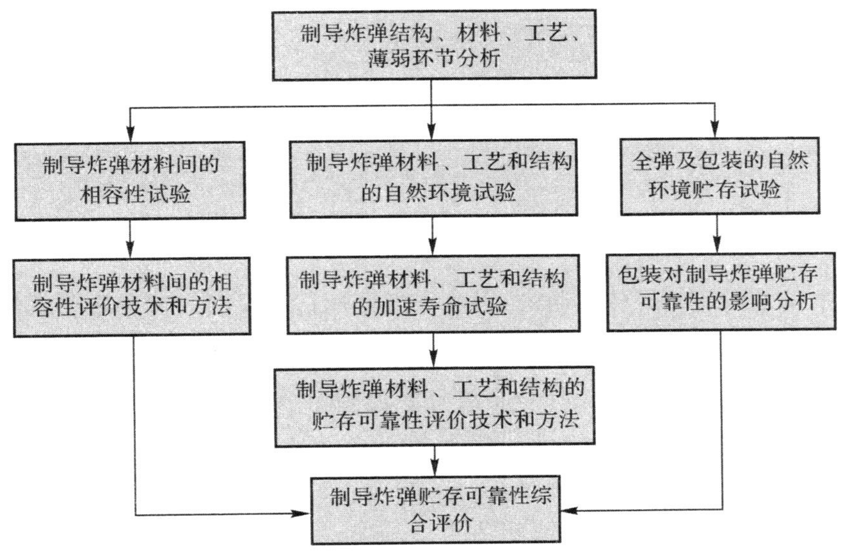

图 6-4　制导炸弹贮存可靠性评价技术基本流程图

(4) 考虑接触材料的相容性。

(5) 尽量不使用在贮存期间可能发生致命性故障的材料和元器件，如天然橡胶、矿物油电解电容等。

(6) 简化结构设计，减少零、部、组件数量，将发生失效的可能性降至最低。

(7) 结构中常用的金属材料为铝合金、镁合金及结构钢，制成后需要进行表面防蚀处理，不锈钢多用于防锈困难的部位。

(8) 常用的非金属材料为硫化硅橡胶板、复合材料、塑料及布等，所选用的材料应具有贮存寿命长、可靠性高等优点。

(9) 弹体结构设计时，舱段之间应采取密封设计，对制导炸弹尽量采用不开箱检测，在检测窗口处采取密封措施。

(10) 对紧固件采取防松动和防锈措施，容易积水处尽量采用不锈钢螺钉。

(11) 采取密封弹衣充惰性气体的包装方式，将制导炸弹包裹在弹衣内，然后对弹衣充干燥的惰性气体，在弹衣内放置硅胶检测弹衣内的湿度，随时了解制导炸弹产品的环境情况，减轻贮存环境对制导炸弹的影响。

6.2.2 结构维修性设计

维修性是制导炸弹的一项重要的质量特性，具有使用维修简单、迅速、维修经济低廉等特性。为了使制导炸弹具有良好的结构维修性，在进行制导炸弹结构总体设计时要充分考虑结构维修性问题，在使用和贮存期间具有维修简单、方便的特点，不仅可以减少人力、物资消耗，节省整个寿命周期内的费用，而且有助于提高制导炸弹的战备完好性和可用性。

在制导炸弹结构总体设计前制定结构维修性设计准则，更好地将结构维修性设计准则融入制导炸弹结构设计中去，减少维修时间、减少维修差错及降低维修费用等。结构维修性设计准则是为了将结构的维修性要求及使用和保障约束转化为具体的设计准则，结构设计人员在设计时应遵守和采纳。结构维修性设计一般应遵循如下要求。

1. 结构总体简化设计

(1) 复杂的结构会增加制造和维护费用，同时也增加了维修难度，影响制导炸弹的维修性。因此在进行制导炸弹总体结构设计时，考虑在满足功能要求和使用要求的前提下，尽可能采用最简单的结构，以保证制导炸弹结构简单，使用维护方便。

(2) 设计时尽可能简化制导炸弹结构功能，不能盲目追求自动化，应在手动操作与自动化之间综合权衡，避免因为效益不大的自动化，导致结构复杂和维修困难。

(3) 设计时应把相似或相同的功能结构充分结合在一起，以简化和方便使用维护人员，降低技能要求，实现“一物多用”。

(4) 结构总体设计时，合理地划分舱段，保证在维修时能简单、快速地更换舱段，尽量避免交叉维修作业。

(5) 安全和解除保险机构应设计成独立部件，其结构设计应便于制导炸弹总装时引信和战斗部对接；

(6) 应分析对工具或勤务训练设备的每一要求，以便确定是否能消除这种需求或与已采用的工具通用。

2. 减少维修内容和降低维修技能

(1) 结构总体设计时尽可能采用无维修设计和使用很少需要预防性维修的弹上设备，以避免经常拆卸和维修。

(2) 尽量减少专用的检测或维修设备和工具，降低设备和工具的使用操作难度，尽量降低维修人员的数量和等级。

(3) 尽量优化维修方案，适当减少预防性和修复性维修项目、次数和内容。

(4) 设计时按照使用和维修人员所处的位置、姿势与使用工具的状态，并根据人体的量度，提供适当的操作空间，使维修人员有个比较合理的维修姿态，尽量避免以跪、蹲、趴等容易疲劳或致伤的姿势进行操作。

3. 可达性

(1) 需要维修、拆装的零、部件及弹上设备，其周围应保证必要的操作空间。在检查、拆装某一零、部件或弹上设备时，尽量做到不拆装、不移动周围的零、部件或弹上设备。

(2) 外形相近而功能不同的零、部件，重要连接部位和安装时容易发生差错的零、部件，结构上应采取防差错措施或标上明显的防差错标记。

(3) 检测、维修窗口的设计应使拆装尽可能简单、方便，连接螺钉采用统一规格的紧固件，减少或无须拆卸工具，方便维修窗口的拆卸。

(4) 维修通道的空间应保证人体相关尺寸能进出，零、部件或弹上设备能顺利拆装。

(5) 维修窗口的位置、形式及尺寸的设计应满足可视性，既要保证操作对象在操作时可见，又要满足可接近性，便于操作人员接近操作对象进行维修。

(6) 结构总体设计时应根据故障率高低、维修的难易、尺寸和质量以及安装特点等统筹安排，合理布局，故障率高、质量大及维修所需空间大的零、部件或弹上设备应安排在易于维修的位置。

6.2.3　结构保障性设计

保障性是指制导炸弹的设计特性(如可靠性、维修性、人机工程等)和使用保障资源能满足平时和战时使用要求的能力。保障资源是保证制导炸弹完成平时和战时使用的物力和人力、工具和设备、勤务训练设备、技术资料等。在进行制导炸弹结构总体设计时要充分考虑结构保障性问题，系统地规划和设计保障资源，充分满足平时战备及战时使用要求的能力，设计过程中一般应遵循以下原则。

1. 使用保障特性设计原则

(1) 要便于操作，降低操作复杂程度，减少操作步骤，缩短操作训练时间。

(2) 运输要符合标准化的包装要求及现有运输工具的运输要求。

(3) 悬挂系统要通用化，符合 GJB1C－2006 的规定。

(4)牵引系留点位置要符合人机工程要求。

(5)尽量采用不需要添加润滑剂的结构设计。

2. 保障设备设计原则

(1)无论专用设备还是通用设备应简化设备的品种、规格，控制数量。

(2)优先选用部队已有制式设备和通用设备，只有当制式设备或通用设备不满足使用要求时，才研制专用设备。

(3)保障设备应与其他保障资源相匹配。

6.2.4 结构安全性设计

安全性是制导炸弹的固有特性，它与可靠性、维修性一样是可通过设计赋予的，是制导炸弹必须满足的设计要求。它表示在规定的条件下，以可接受的风险执行规定任务的能力。制导炸弹结构安全性应作为研制方案的一项定性(或定量)技术要求。因此，在制导炸弹结构设计的每一阶段，必须充分考虑结构安全的各种因素，并进行分析。在进行制导炸弹总体结构设计时要充分考虑结构安全性问题，结构安全性一般涉及强度、刚度及疲劳等，是一项综合性指标，设计过程中一般应遵循下述基本原则和一般要求。

1. 基本原则

(1)弹体结构有足够的强度、刚度及高可靠性；

(2)结构总体方案满足安全性设计要求，在方案阶段发现的险情，采取及时有效的措施加以控制或排除；

(3)结构总体设计时考虑装配、包装、运输、维修、挂机及各种使用环境下的安全性，不得对人员和制导炸弹造成任何危险；

(4)结构安全性设计一般要通过最佳设计方案的选择，其中包括合理地采用新技术和采取有效的防护措施，实现其安全性设计目标；

(5)当采取的安全性措施与经济性发生矛盾时，优先考虑安全性技术措施；

(6)结构总体设计时，对于关重件的关键特性或重要特性，要考虑随着环境条件或其他因素的恶化而变坏的情况；

(7)弹上机构动作灵敏、可靠，同时采取必要的保险措施，防止发生无动作。

(8)避免使工作人员在使用或维护制导炸弹的过程中处于危险的环境，或将其程度控制在可接受的水平内；

(9)应采用安全设计措施，如冗余或防护设计等。

2. 一般要求

(1)制导炸弹结构对环境的适应能力符合GJB150的有关规定；

(2)结构材料在制导炸弹的使用寿命内，必须能承受可能出现的各种物理的、化学的、生物的作用；

(3)在可能发生危险的部位上，应提供醒目的标记、警告等辅助预防手段；

(4)选用的螺钉、螺母等标准件，必须有放松措施，不允许因松脱而伤害勤务人员；

(5)在不影响功能的情况下，零件结构必须倒圆或倒角；

(6)在操作与维修时，人与弹上设备间有适当的活动空间；

(7)安全标志设置在易发生危险的部位；

(8)在重要的运动配合部位要有良好的润滑措施，避免因润滑不良而损坏部件。

6.2.5　结构互换性设计

6.2.5.1　互换性的含义

互换性是指某一型号制导炸弹(主要指弹体的零件、部件和组件)与同型号另一制导炸弹，在满足技术标准规定的质量前提下，无须任何辅助加工，不经调整或修配，在尺寸、功能上能够彼此互相替换的性能。

显然，零、部、组件互换性应同时满足两个条件：装配前不需要经过任何挑选，装配中不需要修配或调整；装配或更换后能满足既定的功能和性能要求。

6.2.5.2　互换性的分类

1. 功能互换性与几何参数互换性

按照使用要求，互换性可分为功能互换性和几何参数互换性。几何参数互换性是指制导炸弹在几何参数（包括尺寸、几何形状、相互位置和表面粗糙度）方面充分近似所达到的互换性，属于狭义互换性。功能互换性是指制导炸弹在机械性能、理化性能等方面的互换性，如强度、刚度、硬度、使用寿命、抗腐蚀性等，又称为广义互换性。功能互换性往往着重于保证尺寸配合要求以外的其他功能和性能要求。本节中仅仅涉及制导炸弹结构互换性即所谓几何参数互换性。

2.完全互换（绝对互换）与不完全互换（有限互换）

按照互换程度和范围，互换性可分为完全互换性和不完全互换性。

（1）完全互换（绝对互换）。完全互换是指同一规格的零、部、组件在装配或更换时，既不需要选择，也不需要任何辅助加工与修配，装配后就能满足预定的使用功能及性能要求。完全互换性常用于厂外协作及批量生产。

（2）不完全互换（有限互换）。不完全互换允许零、部、组件在装配前可以有附加选择，如预先分组挑选，或者在装配过程中进行调整和修配，装配后能满足预期的使用要求。

按同一制导炸弹图样加工一批零件的过程中，由于操作人员、设备、材料等因素，不可能将零件做得绝对准确，加工后的零件都会偏离理想尺寸而产生偏差。对于制导炸弹使用要求高、装配精度要求较高的零、部件，采用完全互换会使零、部件制造公差减小，制造精度提高，加工困难，加工成本提高，甚至无法加工。通常采用不完全互换，通过分组装配法、调整法或修配法来解决这一矛盾。

究竟采用完全互换还是不完全互换，取决于制导炸弹的精度要求与弹体结构复杂程度、批量大小、生产设备、技术水平等一系列因素。

6.2.5.3 互换性设计原则

（1）结构设计时，优先选用标准的和通用的元、器件，零、部件，设备和工具，并减少其品种、规格、厂家。

（2）弹上使用的同一零、部件和设备应具有完全（功能和结构）互换性。在设计时，应考虑维修中需要更换的零、部、组件，具有良好的结构和功能的互换性，故此，设计时在选择部件配合部位的配合性能、公差时，应选择标准规定的配合性能和公差值；舱段之间的连接处应设计有定位销或定位标志。

（3）考虑使用故障率高、容易损坏的关重件具有良好的互换性和必要的通用性，以适应战时抢修的需要；

（4）功能相同或对称安装的零、部、组件，应设计成相互通用，减少产品的规格，提高维修效率；

(5)控制质量的量具统一，测量方法和测量器具以及检验等方面的规范和标准统一。

6.2.5.4　实现互换性的技术措施

要保证制导炸弹的互换性，就要使制导炸弹的几何参数及其物理参数一致或在一定范围内相似，因此互换性的基本要求是同时满足装配互换和功能互换。在制导炸弹零、部、组件加工制造过程中，仅对零、部、组件的公差进行规定，是难以实现互换性的，还需对形成产品质量系统的各个阶段，各个环节的有关问题实现标准化，并予以贯彻。具有互换性的零、部、组件，其几何参数是否必须制成绝对准确呢？这种理想情况在现实世界中既不可能实现，也无必要。因为制导炸弹零、部、组件都是制造出来的，任何制造系统都不可避免地存在误差，因而任何零、部、组件都存在加工误差，无法保证同一规格零、部、组件的有关参数(主要是几何参数)完全相同，将其有关参数的变动控制在一定范围内，就能达到实现互换性的目的。给有关参数规定合理的公差，是实现互换性的基础技术措施，也是结构总体设计时进行结构精度分配的基础，结构精度分配的是否合理关系到成本、研制进度等方面。

制造出来的零、部、组件是否满足设计要求，还要依靠准确、有效的检测技术手段来验证，检测技术同样也是实现互换性的基础技术保证。

6.3　制导炸弹结构“三防”设计

三防设计是指制导炸弹的防潮、防盐雾及抗霉菌生长能力的设计。制导炸弹在各类环境条件下，所选用的材料，零、部件，元、器件及弹上设备都有可能发生腐蚀和其他环境效应，降低使用可靠性。尤其是我国大陆沿海、台湾海峡及南海很多军事区域属于海洋气候环境，高温、高湿、空气中的腐蚀性介质、盐雾和各种霉菌对弹上设备具有极大的破坏性，在这些区域服役的制导炸弹的三防性能不容忽视，三防设计是一项设计材料、工艺、结构设计及保障的综合性技术。

在许多情况下，环境因素的单独效应并不明显，当两个或多个环境因素同时作用时，其综合效应就显著得多。环境条件对制导炸弹影响程度视具体情况而定，例如在贮存环境中，制导炸弹受仓库或包装条件的保护，不会受到太阳辐射和淋雨环境的影响，随着贮存时间延长，臭氧和盐雾会变得比其他因素的影响更为严重。在运输过程中，机械因素相对而言更重要,故其他因素可忽略。在使用过程中,由于制导炸弹充分暴露在自然和诱发环境中,不仅起作用的因素更多,其严酷程度也更高。各种环境因素对制导炸弹在不同环境下的影响程度见表 6-3。

因此,结构总体设计人员和工艺人员应了解和掌握各种环境的特性及对制导炸弹的影响规律,开展制导炸弹结构"三防"设计,实施工艺防护,不断提高制导炸弹的环境适应性,满足其实战要求。

表 6-3　各种环境因素对制导炸弹在不同条件下的影响程度

环境条件		环境因素										
		温度	湿度	太阳辐射	淋雨	风	盐	臭氧	微生物	沙尘	振动	冲击
贮存		A	A	O	O	O	C	C	B	C	C	B
运输	公路	B	B	C	B	C	O	O	O	C	A	A
	铁路	B	B	C	C	C	O	O	O	C	A	A
	飞机	B	O	O	C	B	O	O	O	C	B	B
作战使用	冷区	A	A	B	A	B	C	O	A	C	B	B
	湿热	A	A	B	A	B	B	O	O	O	B	B
	干热	A	O	A	O	B	B	O	O	A	B	B
	适中	A	A	B	A	B	B	C	B	B	B	B
	库房使用	B	B	O	O	O	O	O	C	B	C	O
库房存放		B	B	O	O	O	B	C	B	C	C	B

注:A—最重要;B—重要;C—不重要;O —不会遇到。

6.3.1　环境因素对制导炸弹的影响

环境因素是指制导炸弹在制造、贮存、运输和使用过程中遇到的外界环境因素。下面介绍影响制导炸弹结构"三防"的主要环境因素。

6.3.1.1　温度

温度导致弹上设备元、器件物理损伤、参数漂移或性能下降，可以改变材料性能和几何尺寸。腐蚀也会因高温、高湿的作用而加剧，多种绝缘材料在高温下会释放有机体，对附近零、部件，元、器件产生腐蚀作用。具体影响如下：

1. 高温效应

1)因热老化，使橡胶、塑料裂纹和膨胀，绝缘失效。

2)不同材料膨胀系数不一致致使零件黏结在一起。

3)结构变化，使橡胶、塑料产生裂纹、断裂、膨胀。

4)降低润滑剂黏度，或润滑剂外流处丧失润滑特性。

5)改变材料的局部或全部尺寸。

6)金属氧化，使金属材料表面电阻增大。

2. 低温效应

低温几乎对所有材料都有有害的影响，因物理特性发生变化，使其功能受到损伤，具体有以下影响。

1)材料发硬发脆，结构强度减弱，在振动或冲击条件下易出现裂纹或断裂。

2)温度瞬变过程因材料或零、部件膨胀系数的差异零件互相咬死。

3)润滑剂黏度增加或固化，流动性降低，减少或丧失润滑特性。

4)结构失效，增大滑动件的磨损，衬垫、密封垫弹性消失，引起开裂、脆裂等。

5)材料物理性能变化，造成结构失效，运动部件摩擦增大，密封性能失效。

6.3.1.2　湿度

在制导炸弹的弹体结构和弹上设备的腐蚀过程中，水往往是主要的腐蚀物质。水是一种电解质，而且能溶解大量的离子，从而引起金属腐蚀；水还可以分解成 H^+ 和 OH^-，pH 值的不同对金属的腐蚀具有明显的影响；在一定条件下，水还原的氢或氢原子渗入高强度钢材料内促进高强度钢氢脆和应力腐蚀开裂。

制导炸弹在大气条件下存放或工作时发生的大气腐蚀，实质上是水膜下的电化学腐蚀。制导炸弹弹体结构中的金属构件主要失效模式是锈蚀，而导致金属锈蚀的主要因素是湿度。

潮湿对制导炸弹结构及弹上设备的环境效应为：

1)金属氧化或电化学腐蚀降低机械强度，或因腐蚀或润滑剂变质使传动零、部件卡住。

2)有机材料吸湿后降低或丧失机械强度，或膨胀而失去稳定性。

3)表面有机涂层破坏。

4)加速电化学反应。

5)提供微生物繁殖条件，对金属、非金属材料产生侵蚀。

6.3.1.3 盐分

当盐分与潮湿空气结合形成盐雾时，其中所含的氯离子活性强，对金属保护膜有穿透作用，加速点蚀、应力腐蚀、晶间腐蚀和缝隙腐蚀等局部腐蚀，影响制导炸弹弹体结构和弹上设备性能。制导炸弹弹体结构裸露在盐雾环境下的效应一般可分为腐蚀效应和物理效应。

1. 腐蚀效应

(1)电化学腐蚀。

(2)应力腐蚀。

2. 物理效应

(1)发生机械部件及活动部件卡死现象。

(2)由于电解作用导致漆层起泡、开裂。

6.3.2 “三防”设计准则

在制导炸弹结构总体设计的初期，应注意零、部、组件以及各分系统弹上设备的三防设计。谨慎而周密地考虑到使用时会出现的问题，比如在设计、加工、装配过程中采取三防设计防护措施要可靠得多，会起到事半功倍效果，合理的三防设计包括：①合理的结构设计和可行的加工工艺；②正确选择材料，包括金属材料和非金属材料；③选用有效合理的防护体系；④合理地选择金属镀层和化学覆盖层；⑤弹体结构密封设计。

对于制导炸弹而言，使其所有结构材料、电气材料的三防性能达到预定的期望值几乎是不可能的，必须采取必要的三防设计措施，在无法保证弹体结构及弹上设备材料三防性能都达标的情况下应优先考虑密封设计。密封设计的基本思想是控制制导炸弹弹体内部的工作环境，如果制导炸弹弹体结构的密封设计不理想或不足，将会有大量的潮气、盐雾、霉菌侵入弹体内部，这无疑会对制导炸弹本身的可靠性产生诸多不利影响。因此，在结构总体设计中考虑密封设计十分重要。

密封设计的目的是为了控制弹体内部的工作环境，弹体结构首先起到保护的作用。弹体结构主要采用下述防护方法。

1. 选材设计

(1)根据零、部件的使用要求，在满足力学、工艺和供货的前提下，优先选用抗腐蚀性能优良的金属材料。

(2)弹体壳体及突出物进行表面防护处理，做到无裸露状态使用。

(3)不同材料接触时，尽可能选用相同或相容的材料。

(4)选用新材料必须有可靠的抗腐蚀特性数据。

(5)非金属材料应与其接触的金属材料具有相容性，不应引起金属材料腐蚀。

(6)非金属材料所逸出的气体不应引起周围金属结构及镀层产生腐蚀。

(7)非金属材料之间也应具有相容性，不会发生溶胀现象。

(8)选用防潮、防霉及防盐雾性能良好的非金属材料。

2. 结构密封设计

(1)弹体舱段接口采用密封圈密封结构，径向连接螺钉涂螺纹胶实现防水密封。

(2)弹体上窗口密封，采用密封垫、密封剂与弹体进行黏结，黏结牢固可靠，并具有较好的防水、抗老化能力。

(3)弹体外表面易积水的部位，采用不锈钢紧固件，提高抗腐蚀性能。

3. 表面防护

表面防护技术是针对制导炸弹弹体结构外表面、弹上设备表面发生的腐蚀而采取的防护技术。目前采取的主要防护方法有：

(1)弹体舱段壳体金属表面镀层技术；

(2)弹体舱段壳体金属表面喷漆技术，综合考虑涂层与基体的附着力及涂层的耐腐蚀性能。

4. 异种金属接触

(1)舱段外部相互接触的金属材料，尽量采用同一种金属材料；必须由两种金属接触时，应选用电位接近的金属。

(2)相互接触的两种材料电位差相差较大时，采用适当的镀层、绝缘材料或接触表面涂漆的方式，避免直接接触。

制导炸弹三防设计是一项综合工程，需要多方面配合，良好的结构形式，先进的三防工艺，有效的管理方式，能达到三防设计目的，也是提高制导炸弹三防性能的根本途径。

第 7 章　制导炸弹水平测量技术

7.1 概　　述

制导炸弹处于水平放置，便于寻找基准与测量偏差，测量其外形相对于基准偏差的技术，称为制导炸弹水平测量技术。目前，由于制导炸弹的工作环境和精确度要求，使其具有外形尺寸要求严格、舱段之间相互位置关系要求严格等特点，水平测量成为检查制导炸弹是否合格的必不可少的测量手段。对于制导炸弹的水平测量，传统的方法比较多，比较常用的传统方法是利用测量平台和高度尺测量，这种方法无论在测量准确度和效率上都无法满足制导炸弹测量要求和发展要求。随着测量技术的发展，测量方法的改进，以及三坐标测量仪、关节臂测量机等仪器测量更准，适应性更强等特点，在水平测量中应用越来越多，已逐步取代了传统的测量平台方式，不管测量方式、测量方法如何改进，水平测量参数的确定在结构总体设计技术中依然占据着重要的地位。水平测量参数是制导炸弹结构详细设计的前提，是产品在总装总调过程中进行检验的依据，如何合理地分配水平测量参数，是结构总体设计中的一项重要的内容。它规定得合理与否，对制导炸弹的飞行性能和制造上经济性的影响，都远比零件公差大得多。如果制导炸弹水平测量参数规定得过严，就可能造成合格产品出现“超差”，其调整与校正十分困难。如果规定得过宽，就会出现“合理”的假象，以致造成制导炸弹在使用中性能下降。

制导炸弹水平测量的内容包括头舱、制导控制尾舱相对对战斗部的同轴度误差；弹翼的展开角、安装角及反角误差；舵翼的安装角、反角误差；部件表面的平滑度；舱段阶差；测量点的选取等，这些都是影响制导炸弹气动性能与控制性能的因素。随着工艺水平的提高，制导炸弹外形偏差已相对容易保证在允许的范围内，同时随着控制技术的发展，制导炸弹对偏差容许的范围也有所扩大，对水平测量的要求已相对降低，因而目前在制导炸弹研制过程中，将水平测量作为必检项目，以保证制造和装配的正确性，但在制导炸弹定型后，则只作为抽检项目。从安全角度考虑，一般进行制导炸弹水平测量时，不允许安装火工品,可用符合设计要求的模拟件来代替。

7.2 水平测量原理

制导炸弹水平测量采用水平测量点或测量平面来反映结构装配情况。水平测量点是在舱段装配时在舱段表面规定的位置上,按装配型架或机加做出的用于测量的标记。它实际上是将制导炸弹理论轴线转移到了舱段表面的相应位置并标记出来作为测量依据。

制导炸弹水平测量的原理如图 7-1 所示。对于制导炸弹全弹水平测量,在产品总装完成后,水平测量点应当标记完毕。

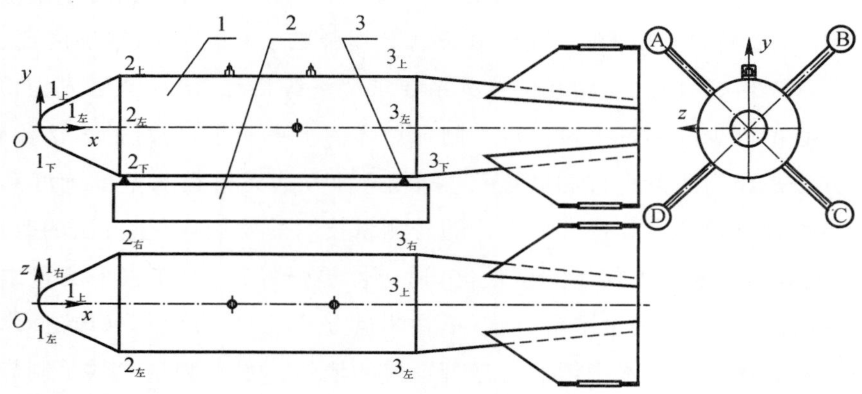

图 7-1 制导炸弹水平测量原理图

1—制导炸弹; 2—测量平台; 3—支承点

制导炸弹水平测量时,将制导炸弹放在测量平台上,将产品调平,并建立坐标系,具体步骤如下:

(1)水平测量时将制导炸弹通过支承点摆放在测量平台上,通过调点 $2_{左}$,$2_{右}$,$3_{左}$,$3_{右}$ 等高,将制导炸弹调整为水平状态;

(2)通过 $2_{左}$,$2_{右}$,$3_{左}$,$3_{右}$ 建立制导炸弹水平测量的水平基准平面;

(3)过 $2_{左}$,$2_{右}$ 和 $3_{左}$,$3_{右}$ 连线的中点作水平基准平面的垂直面,此平面为全弹水平测量的中心基准平面;

(4)过 $2_{左}$,$2_{右}$,$3_{左}$,$3_{右}$ 四点中任一点,作垂直于中心基准平面和水平基准平面的平面,此平面为全弹水平测量的垂直基准平面。

7.3　水平测量要求

在进行制导炸弹水平测量过程中，应遵循下述要求。

1. 制导炸弹水平测量时对环境的要求

制导炸弹水平测量的外界环境，对于水平测量的精度有一定的影响。经过长期工程实践的检验，水平测量的环境要求大致可以归纳为以下几点：

(1)水平测量在室内进行，无各种干扰因素，如振动、风吹等；

(2)测量工房的工作环境温度为 15～28℃；

(3)相对湿度不超过 75%；

(4)由于条件限制在室外进行测量时，要避免大风影响，风力须小于 3 级，头舱或导引头迎着风向；

(5)测量场所要坚硬、平整，不允许出现对水平测量有影响的沉陷。

2. 制导炸弹水平测量时对产品状态的要求

(1)水平测量时，制导炸弹弹上设备安装齐全，不装引信等火工品；

(2)水平测量时，制导炸弹装上各种盖板，各活动部件要置于中立位置或工作位置；

(3)水平测量时，制导炸弹要求可靠支承，并调到水平状态；

(4)水平测量时，严禁在制导炸弹上进行其他无相关的工作。

3. 制导炸弹水平测量时对设备、工具的要求

(1)水平测量时，三坐标测量仪、关节臂测量机、游标卡尺等应在有效期内；

(2)水平测量时，三坐标测量仪、关节臂测量机等的精度不得低于 0.05 mm；

(3)水平测量时，500～1 000 mm 的钢直尺，全长误差不应超过±0.2 mm；

(4)水平测量时，2 000 mm 的钢直尺，全长误差不应超过±1 mm。

4. 制导炸弹水平测量时对测量点的要求

(1)水平测量点的数量及分布能反映个舱段的相对位置；

(2)水平测量点选在结构刚性大的位置上；

(3)水平测量点选择的位置应测量方便，避免测量死角；

(4)调平测量点选在变形小的位置上，两点间的距离应尽可能大；

(5)水平测量点的形式应清晰、易于辨认，不易消失；

(6)对于有同轴度要求的测量点：头舱上的测量点尽量在前段，制导控制尾舱的测量

点尽量在尾端；

(7)水平测量点尺寸如图 7-2 所示。

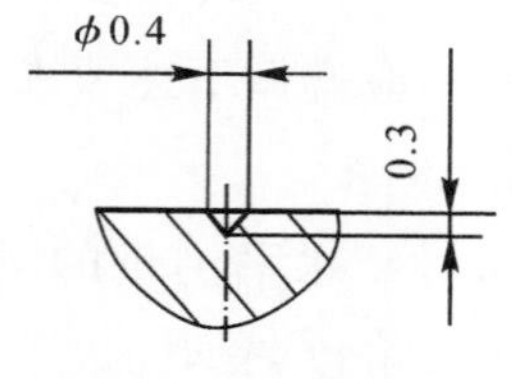

图 7-2 测量点

5. 制导炸弹水平测量时对测量基准的要求

(1)水平测量基准力求接近或与制导炸弹的结构设计基准一致；

(2)分段水平测量中，在必须另选实用的测量基准时，基准转换误差对测量准确度的影响应小至可忽略不计。

6. 制导炸弹水平测量时对基准截面位置的要求

(1)两个基准截面一般不在一个舱体上；

(2)两个基准截面应分别在制导炸弹质心的两侧；

(3)两个基准截面一般应在舱体前、后框上。

7. 制导炸弹水平测量时对支承位置的要求

(1)在水平测量状态下制导炸弹质心的两边；

(2)在弹体结构刚度大的部位(框、舱体上)；

(3)接近制导炸弹的基准截面。

7.4 水平测量仪器

三坐标测量系统是近年发展起来的一种高效率的新型精密测量仪器，并广泛地应用于机械制造、电子、汽车、兵器和航空航天等行业中。由于其具有通用性强、测量范围大、精度高、效率高及性能好等特点，已成为现代工业检测、质量控制和制造技术中不可缺少的测量工具。关节臂柔性三坐标测量系统(简称：关节臂测量机)是一种新型的多自由度非笛卡尔式坐标测量系统。目前，在制导炸弹水平测量过程中，关节臂测量机应用最为广泛。

现在简要介绍下关节臂测量机：关节臂测量机是一种非正交式坐标测量机，仿照人体关节结构，以角度基准取代长度基准，将几根定长的伸展臂通过关节相互连接，利用空间支架线的原理实现三维坐标测量，根据末端转轴上安装探视测量系统(探头)，关节臂测量机可以完成各种功能的测量。关节臂的特点是轻巧、便携，具有高度的灵活性，使用针尖或球形探头可以进行各种孔径测量，外形示意图如图7-3所示。

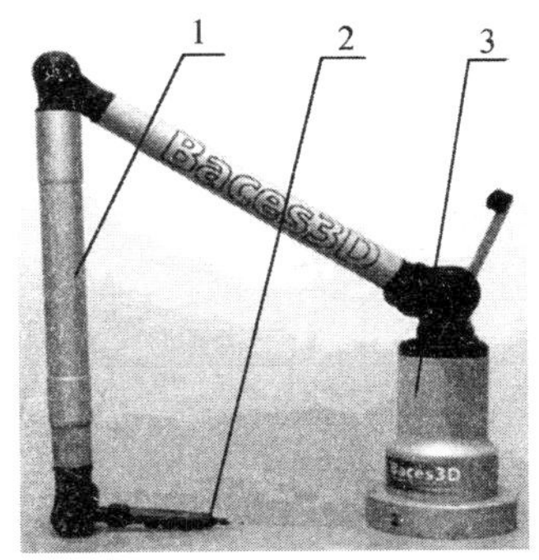

图7-3　关节臂测量机外形示意图

1—关节；　2—测量探头；　3—基座

7.5　水平测量内容

制导炸弹水平测量内容包括弹翼展开角、安装角、反角；舵翼的安装角、反角；舱段阶差等内容。弹翼及舵翼的安装角、反角、展开角误差均会影响制导炸弹的飞行姿态，进而影响命中精度，合理地制定翼面安装角、反角及展开角公差，并在结构设计、加工制造过程中加以控制，能有效地配合控制系统使之满足战术指标。弹翼及舵翼安装角主要影响制导炸弹弹体的俯仰，弹翼及舵翼反角影响制导炸弹弹体的滚转，弹翼展开角误差会造成左、右弹翼不对称，使弹体受力不平衡，影响弹体的滚转。

弹翼及舵翼的安装角、反角、展开角误差计算一般是根据两个测量点的高度差误差值与该两点在平行于坐标轴的投影距离的比值，然后换算成角度误差计算的。

1. 水平测量坐标系

水平测量坐标系 $OXYZ$ 如图7-4所示。

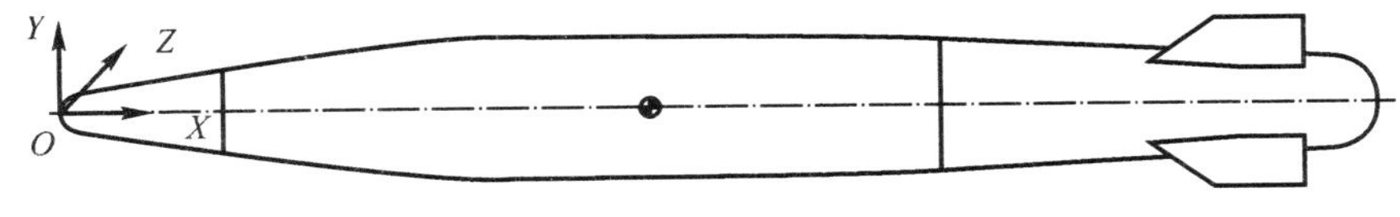

图7-4　水平测量坐标系

其中坐标原点以制导炸弹弹头尖点，X 轴为全弹纵轴线，方向由弹头尖点指向尾部，Y 轴由弹头尖点垂直向上，Z 轴按左手坐标系确定。

2. 安装角

制导炸弹中的安装角涉及弹翼、舵翼及尾翼，安装角是指制导炸弹翼面在制导炸弹轴系 XOY 平面内，翼面前缘与后缘连线同弹轴的夹角，如图 7-5 所示。

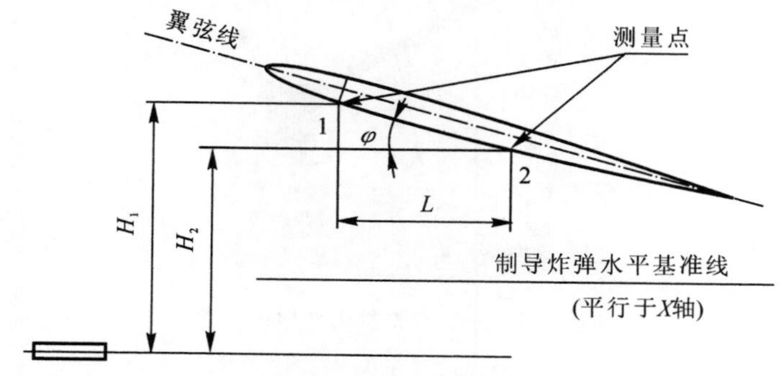

图 7-5　安装角定义

测量出翼面上代表翼面型值点相对测量基准线高度差 H_1，H_2，并测出测量点之间的水平距离 L，按下式计算出翼面的安装角，有

$$\varphi = \arctan\left(\frac{H_1 - H_2}{L}\right) \tag{7-1}$$

式中　H_1——1 测量点相对基准测量线的高度(mm)；

H_2——2 测量点相对基准测量线的高度(mm)；

L——1,2 测量点之间的水平距离(mm)。

3. 上反角

制导炸弹中的上反角涉及弹翼、舵翼及尾翼，安装角是指制导炸弹翼面在制导炸弹轴系 YOZ 平面内，翼面翼梢与翼根连线同水平面的夹角，如图 7-6 所示。

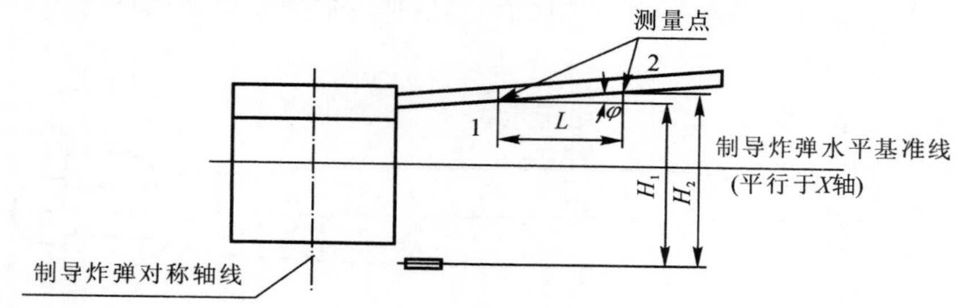

图 7-6　上反角定义

测量出翼面上代表翼面型值点相对测量基准线高度差 H_1，H_2，并测出测量点之间的水平距离 L，按下式计算出翼面的上反角，有

$$\psi=\arctan\left(\frac{H_1-H_2}{L}\right) \tag{7-2}$$

式中　H_1——1 测量点相对基准测量线的高度(mm)；

H_2——2 测量点相对基准测量线的高度(mm)；

L——1,2 测量点之间的水平距离(mm)。

4.展开角

制导炸弹中的展开角一般是指滑翔弹翼，展开角是指制导炸弹翼面在制导炸弹轴系 XOZ 平面内，弹翼梢与翼根连线同水平面的夹角，如图 7-7 所示。

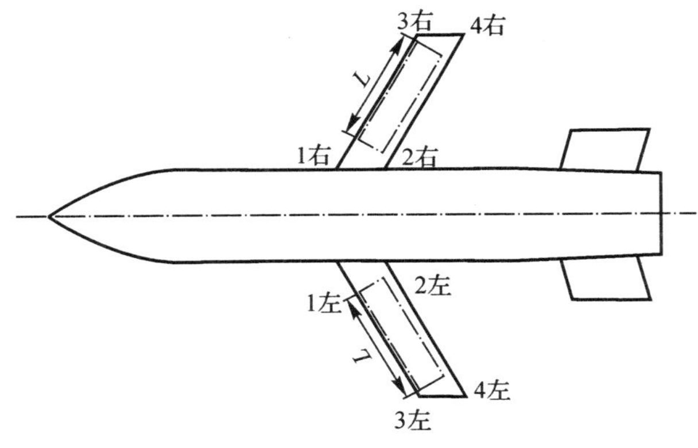

图 7-7　展开角定义

测量出翼面上代表翼面型值点相对测量基准线高度差 Z_1，Z_3，并测出测量点之间的水平距离 L，按下式计算出单个翼面的展开角，有

$$\delta=\arctan\left(\frac{Z_1-Z_3}{L}\right) \tag{7-3}$$

式中　Z_1——1 测量点相对基准测量线的高度(mm)；

Z_3——3 测量点相对基准测量线的高度(mm)；

L——1,3 测量点之间的水平距离(mm)。

展开角误差即 $\Delta\delta=\delta_{左}-\delta_{右}$。

图 7-8 所示为某型制导炸弹弹翼展开机构，现在简要介绍其弹翼展开角误差计算

步骤。

(1) 根据弹翼展开机构,简化结构简图,如图 7-8 所示。

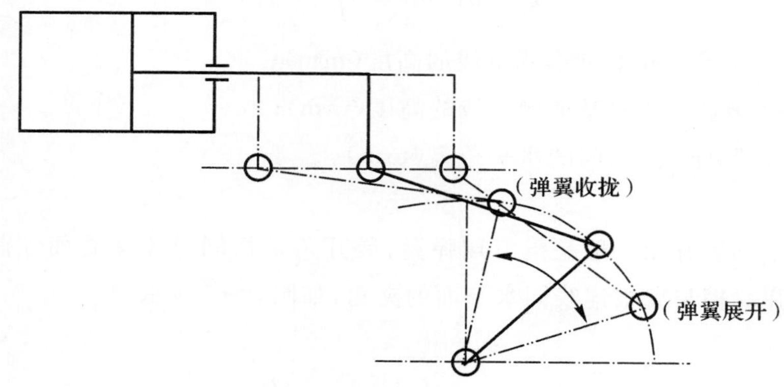

图 7-8　某型制导炸弹弹翼展开机构简图

(2) 以弹翼转轴为中心建立坐标系,如图 7-9 所示。

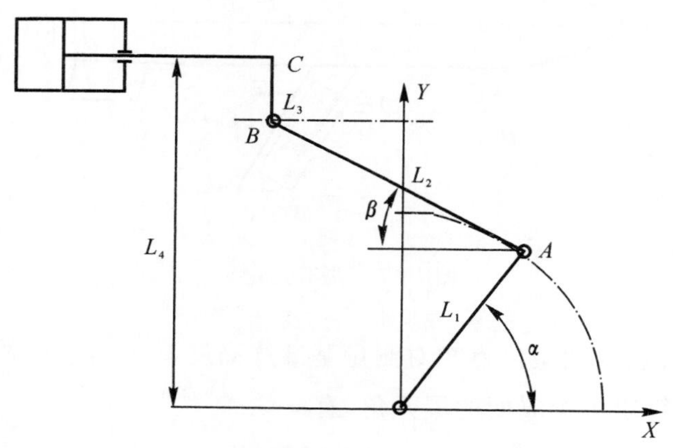

图 7-9　弹翼展开坐标系

其中,L_1 为连杆与弹翼的连线;L_2 为连杆;L_3 为驱动块,A,B,C 坐标为

A:$(L_1\cos\alpha, L_1\sin\alpha)$

B:$(L_1\cos\alpha - L_2\cos\beta, L_1\sin\alpha + L_2\sin\beta)$

C:$(L_1\cos\alpha - L_2\cos\beta, L_1\sin\alpha + L_2\sin\beta + L_3)$

(3) 建立尺寸链方程式,有

$$(L_1\cos\alpha - x_c)^2 + [(L_4 - L_3) - L_1\sin\alpha]^2 = L_2^2 \tag{7-4}$$

(4) 求解。

5. 舱段阶差

制导炸弹舱段阶差主要是基于凸出物的影响制定的，由于凸出物大多靠近组合物或阻滞区，使起增升效果不明显。舱段连接出现顺差与逆差（顺差 Δa、逆差 Δb 的定义见图 7-10）时，主要考虑阻力影响。

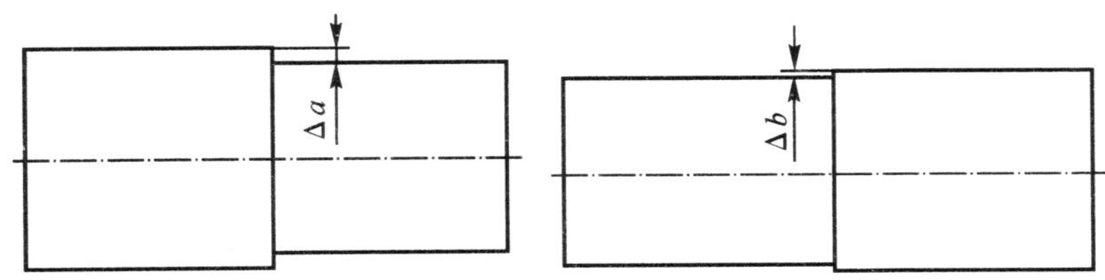

图 7-10　顺差、逆差的定义

根据制导炸弹气动、控制、结构等特点，结合工厂加工能力、成本因素、工程经验等，规定制导炸弹舱段连接的阶差指标，除特殊要求外，舱体连接一般应符合下述要求。

(1)舱段阶差：

1)顺差应不大于 0.5 mm，在分离面周长 20%的范围内，局部顺差允许不大于0.8 mm；

2)逆差应不大于 0.3 mm，在分离面周长 20%的范围内，局部逆差允许不大于0.5 mm；

3)对于超差部位，可在 5 mm 宽度范围内倒角。

(2)舱段间隙：

1)由径向螺钉、螺栓连接的舱段，间隙应不大于 0.3 mm，在分离面周长 20%的范围内，局部间隙允许不大于 0.4 mm；

2)由轴向螺钉、螺栓连接的舱段，应紧密贴合，在分离面周长 20%的范围内，局部间隙允许不大于 0.15 mm；

3)由斜向螺钉、螺栓连接的舱段，应紧密贴合，在分离面周长 20%的范围内，局部间隙允许不大于 0.15 mm。

7.6 水平测量公差

本书给出的制导炸弹水平测量公差值一般是由气动分系统、控制分系统、结构总体分系统在综合分析气动吹风、姿态控制、制造加工及装配等基础上满足制导炸弹总体战技指标。给出制导炸弹水平测量公差值的目的：①向结构设计分系统提供弹体结构精度输入指标，指导弹体结构设计；②检验弹体各部件之间的相对位置的准确度。

1. 水平测量公差的制定原则：

(1)满足制导炸弹的战术性能要求；

(2)兼顾制导炸弹加工、装配、安装的工艺性和经济性。

2. 水平测量公差

某型制导炸弹的水平测量公差见表 7-1。

表 7-1 某型制导炸弹的水平测量公差值

<table>
<tr><th>序号</th><th>名称</th><th colspan="2">测量项目</th><th>公差</th></tr>
<tr><td rowspan="5">1</td><td rowspan="5">弹翼</td><td rowspan="2">根部切面</td><td>安装角</td><td>±15′</td></tr>
<tr><td>左、右安装角差值</td><td>±12′</td></tr>
<tr><td rowspan="2">端部切面</td><td>安装角</td><td>±25′</td></tr>
<tr><td>左、右安装角差值</td><td>±18′</td></tr>
<tr><td colspan="2">上反角</td><td>±15′</td></tr>
<tr><td rowspan="5">2</td><td rowspan="5">舵翼</td><td rowspan="2">根部切面</td><td>安装角</td><td>±12′</td></tr>
<tr><td>左、右安装角差值</td><td>±8′</td></tr>
<tr><td rowspan="2">端部切面</td><td>安装角</td><td>±20′</td></tr>
<tr><td>左、右安装角差值</td><td>±15′</td></tr>
<tr><td colspan="2">上反角</td><td>±12′</td></tr>
<tr><td rowspan="5">3</td><td rowspan="5">尾翼</td><td rowspan="2">根部切面</td><td>安装角</td><td>±20′</td></tr>
<tr><td>左、右安装角差值</td><td>±15′</td></tr>
<tr><td rowspan="2">端部切面</td><td>安装角</td><td>±25′</td></tr>
<tr><td>左、右安装角差值</td><td>±18′</td></tr>
<tr><td colspan="2">上反角</td><td>±20′</td></tr>
</table>

续表

序号	名称	测量项目		公差
4	弹身	头舱	在垂直基准面内的同轴度	±2.0 mm
			在水平基准面内的同轴度	±2.0 mm
		战斗部	在垂直基准面内的同轴度	±3.2 mm
			在水平基准面内的同轴度	±3.2 mm
		尾舱	在垂直基准面内的同轴度	±3.2 mm
			在水平基准面内的同轴度	±3.2 mm

参考文献

[1] 常新龙,胡宽平,张永鑫,等.导弹总体结构与分析[M].北京:国防工业出版社,2010.

[2] 任怀宇,张铎.总体结构优化在导弹总体设计中的应用[J].宇航学报.2005(26):100-105.

[3] 方向,张卫平,高振儒,等.武器弹药系统工程与设计[M].北京:国防工业出版社,2012.

[4] 张波.空面导弹系统设计[M].北京:航空工业出版社,2013.

[5] 沈世锦.飞航导弹装调技术[M].北京:宇航出版社,1992.

[6] 王俊声,曲之津,王昕.有翼导弹结构设计图册[M].北京:宇航出版社,1992.

[7] 余旭东,徐超,郑晓亚.飞行器结构设计[M].西安:西北工业大学出版社,2010.

[8] 陈烈民.航天器结构与机构[M].北京:中国科学技术出版社,2005.

[9] 王耀先.复合材料结构设计[M].北京:化学工业出版社,2001.

[10] 樊会涛.空空导弹原理方案[M].北京:航空工业出版社,2013.

[11] 张治民,张星,王强,等.重型车辆传动行动构件轻量化设计研究[J].机械工程学报,2012,48(18):67-71.

[12] 张骏华,徐孝诚,周东升,等.结构强度可靠性设计指南[M].北京:宇航出版社,1994.

[13] 曲之津.地(舰)空导弹弹体结构可靠性分析[J].现代防御技术,2001,29(2):19-22.

[14] 宋保维.系统可靠性设计与分析[M].西安:西北工业大学出版社,2000.

[15] 王善,何健.导弹结构可靠性[M].哈尔滨:哈尔滨工程大学出版社,2002.

[16] 刘文珽.结构可靠性设计手册[M].北京:国防工业出版社,2008.

[17] 樊富友,于娟,陈明,等.制导炸弹弹体结构可靠性分析与应用[J].现代防御技术,

2014,(8)42:143 - 147.

[18] 樊富友,于娟,陈明,等.基于形位公差的公差原则在尺寸链中的应用[J].机械研究与应用,2013,(5)26:49 - 51.

[19] 樊富友,余智超,陈明,等.制导炸弹贮存可靠性分析与探讨[J].装备环境工程,2013,(8)10:102 - 105.

[20] 陈明,樊富友,龙成洲,等.复合铸造技术在特种产品上的应用[J].新技术新工艺.2014(3):8 - 10.

[21] 魏龙.密封技术[M].北京:化学工业出版社,2009.

[22] 宣卫芳,胥泽奇,肖敏,等.装备与自然环境试验(基础篇)[M].北京:航空工业出版社,2009.

[23] 余旭东,葛金玉,段德高.导弹现代结构设计[M].北京:国防工业出版社,2007.

[24] 王玉,刘笃喜,蔡安江.机械精度设计与检测技术[M].北京:国防工业出版社,2005.

[25] 谷良贤,温炳恒.导弹总体设计原理[M].西安:西安工业大学出版社,2004.

[26] 胡小平,吴美平,王海丽.导弹飞行力学基础[M].长沙:国防科技大学出版社,2006.

[27] 郦正能.飞行器结构学[M].北京:北京航空航天大学出版社,2005.

[28] 中国特种飞行器研究所.海军飞机结构腐蚀控制设计指南[M].北京:航空工业出版社,2005.

[29] 万春熙.反坦克导弹设计原理[M].北京:国防工业出版社,1991.

[30] 韩品尧.战术导弹总体设计原理[M].哈尔滨:哈尔滨工业大学出版社,2000.

[31] 中国航空研究院.复合材料结构设计手册[M].北京:化学工业出版社,2001.

[32] HB/Z103—1986 飞机水平测量公差[S].

[33] 黄红军,谭胜,胡建伟,等.金属表面处理与防护技术[M].北京:冶金工业出版社,2011.

[34] 张伟.机载武器[M].北京:航空工业出版社,2011.

[35] 吴宗泽.机械结构设计准则与实例[M].北京:机械工业出版社,2006.

[36] 王周让,王晓辉,何西华.航空工程材料[M].北京:北京航空大学出版社,2009.

[37] 葛金玉,苗万容,陈集丰,等.有翼导弹结构设计原理[M].北京:国防工业出版社,1986.

[38] 王俊生,曲之津,王昕.有翼导弹结构设计图册[M].北京:宇航出版社,1992.

[39] 付强,何峻,程肖,等.精确制导武器技术应用向导[M].北京:国防工业出版社,2010.

[40] 赵少奎.弹道式导弹结构偏差特性的分析计算[J].战术导弹技术,1990(1):2-9.

[41] 王玉祥,刘藻珍,胡景林,等.制导炸弹[M].北京:兵器工业出版社,2006.

[42] 盛玄兆,孙新利.新型电磁脉冲导弹的发展状态[J].飞航导弹,2007(11):7-11.

[43] 张胜涛,赵英俊,耶压平.电磁脉冲弹对雷达"前门"损伤研究[J].航天电子对抗,2007,23(3):18-20.

[44] QJ1140—1987 战术导弹弹体装配通用技术条件[S].

[45] 曾渭平,柴春生,段新文,等.飞机水平测量技术研究[J].测控技术.2010(29):13-16.

[46] QJ3153—2002 导弹贮存可靠性设计技术指南[S].

[47] 刘莉,喻秋利.导弹结构分析与设计[M].北京:北京理工大学出版社,1999.

[48] 欧贵宝,朱加铭.材料力学[M].哈尔滨:哈尔滨工程大学出版社,1997.

[49] QJ2079—1991 地空和舰空导弹水平测量[S].

[50] 何水清,王善.结构可靠性分析与设计[M].北京:国防工业出版社,1993.

[51] 张骏华.结构可靠性设计与分析[M].北京:国防工业出版社,1993.

[52] 刘巧伶,孔令恺,李洪.理论力学[M].长春:吉林科学技术出版社,1997.

[53] 蔡培培,胡凯,胡晓辉.空空导弹弹体结构三防设计浅析[J].航空制造技术,2012(19):73-76.